ChatGPT 與 AI 未來

Kevin Chen 著

U0086570

大型語言模型的全面解析

本書探討 ChatGPT 和大型語言模型技術的迅猛崛起

OpenAI 與各家科技巨頭在大型語言模型領域內的競爭激烈

探討了大型語言模型技術的開源與閉源及其未來發展方向

博碩文化

作　　者：Kevin Chen
責任編輯：林楷倫

董 事 長：曾梓翔
總 編 輯：陳錦輝

出　　版：博碩文化股份有限公司
地　　址：221 新北市汐止區新台五路一段 112 號 10 樓 A 棟
　　　　　電話 (02) 2696-2869　傳真 (02) 2696-2867

發　　行：博碩文化股份有限公司
郵撥帳號：17484299　戶名：博碩文化股份有限公司
博碩網站：http://www.drmaster.com.tw
讀者服務信箱：dr26962869@gmail.com
訂購服務專線：(02) 2696-2869 分機 238、519
（週一至週五 09:30 ～ 12:00；13:30 ～ 17:00）

版　　次：2024 年 7 月初版一刷

建議零售價：新台幣 500 元
I S B N：978-626-333-916-3
律師顧問：鳴權法律事務所 陳曉鳴律師

本書如有破損或裝訂錯誤，請寄回本公司更換

國家圖書館出版品預行編目資料

ChatGPT 與 AI 未來：大型語言模型的全面解
析 / Kevin Chen 著 . -- 初版 . -- 新北市：博
碩文化股份有限公司，2024.07

面；　公分

ISBN 978-626-333-916-3(平裝)

1.CST: 人工智慧 2.CST: 自然語言處理

312.835　　　　　　　　　　　　113009859

Printed in Taiwan

博碩粉絲團　歡迎團體訂購，另有優惠，請洽服務專線
(02) 2696-2869 分機 238、519

前言

從 2022 年底 ChatGPT 的驚豔亮相，到 2023 年大型語言模型技術的迅猛崛起，這一波 AI 浪潮如同流星般劃過天際，迅速成為大眾矚目的焦點。

今天，大型語言模型正在以驚人的速度改變著我們的世界。大型語言模型不僅迅速融入我們的日常工作和生活，還掀起了一場前所未有的技術革命，引領著各行各業的變革。對於個人而言，從文本創作到日常辦公，大型語言模型正以更加精準和高效率的服務方式賦能各種場景；此外，大型語言模型還在教育、科技研究、新聞、設計、醫療、金融等多個行業加速落地，越來越多的應用場景正在被大型語言模型所重塑——這一切都標誌著，一個由大型語言模型技術驅動的大型語言模型時代正在加速到來。

大型語言模型之所以能爆發出如此具有顛覆性的力量，根本原因是以 ChatGPT 為代表的大型語言模型首次展現出類人的語言邏輯能力。

在 ChatGPT 誕生之前，人工智慧還是停留在屬於自己機器語言邏輯的世界裡，並沒有掌握與理解人類的語言邏輯習慣。因此，市場上的人工智慧在很大程度上還只能做一些資料的統計與分析，雖然它們也能夠處理大量的資料，執行具有規則性的任務，比如讀、聽、寫，但這些能力都局限於機器語言的邏輯世界。這些人工智慧更像是高效的工具，能夠幫助我們分類和檢索資訊，但它們缺乏對人類語言和思維的真正理解。

　　舉個例子，當我們和人工智慧進行對話時，會發現它們只能根據預設的規則和範本回答問題。即使有些表現得像是理解了我們的意思，但實際上它們只是通過匹配關鍵字來提供相應的答案。這樣的人工智慧雖然在某些領域表現出色，比如圖像識別、語音轉文字，但從本質上來說，它們並不是真正的「智慧」。

　　但 ChatGPT 卻為人工智慧應用和發展打開了新的想像空間。ChatGPT 不僅能夠理解和生成符合人類語言邏輯的文本，還能進行富有邏輯性和創造性的交流。這意謂著，ChatGPT 不僅僅是一個高效的工具，它更像是一個真正懂得我們語言和思維方式的助理。它可以與我們進行自然的對話，理解我們的意圖，並提供有意義的回饋。這對各行各業來說，都是一次前所未有的革命。

　　更重要的是，ChatGPT 為人工智慧的未來應用打開了無限的想像空間。隨著技術的不斷進步，我們可以期待更多的突破和創新，使人工智慧不僅僅停留在輔助工具的層面，而是成為我們日常生活中不可或缺的夥伴。

　　正因如此，ChatGPT 的爆發，才引發了一場以大型語言模型為核心的技術革命，人類社會由此進入大型語言模型時代，2023 年也被稱為「大型語言模型元年」。

　　ChatGPT 掀起了世界範圍內的大型語言模型激戰 —— 在這個競爭激烈的領域中，OpenAI 並非唯一的參與者，除了 OpenAI 之外，以 Google、Meta、Apple 等科技巨頭陸續推出 GPT 競品，在大型語言模型的道路上蒙眼狂奔，同時，Anthropic、xAI 以及 Cohere 等競爭者也在不斷崛起，推動這場技術革命向更廣泛的方向發展。

當然，在這場大型語言模型激戰中，不同玩家有不同的目標和玩法：Google 透過連續性的動作，宣告著自己在通用大型語言模型領域的能力，希望進一步鞏固其在資訊檢索和人工智慧領域的霸主地位；Meta則著眼於社交媒體，希望透過開源大型語言模型加速其技術的創新和應用，同時構建一個圍繞其平台的更強大的生態系統；Apple 專注於透過大型語言模型技術增強其生態系統內的智慧助理和設備互聯性；馬斯克則希望透過成立 xAI 補齊他在尖端科技領域的最後一塊商業版圖，為其征服星辰大海鋪路。此外，Anthropic 和 Cohere 等新興公司則以更靈活和創新的方式切入市場，它們不僅希望在技術上取得突破，還希望透過獨特的商業模式和應用場景，搶佔更多市場佔有率。

在今天，大型語言模型賽道依然如烈火烹油 —— 本書正是立基於此，深入探討了大型語言模型技術的演變和其背後的商業戰略。本書不僅回顧了 OpenAI 的發家故事，揭示了其如何透過 GPT 系列產品引領市場，還深入分析了 Google、Meta、Apple 等科技巨頭的競品和商業策略。同時，Anthropic、xAI、Cohere 等新興公司也在大型語言模型領域迅速崛起，展示了不同的創新路徑和市場策略。在這場激烈的競爭中，各大公司採用了不同的商業戰略，從技術創新到市場佔領，每一步都充滿了智慧和挑戰。本書透過豐富的案例和詳細的分析，揭示了大型語言模型技術背後的商業運作邏輯和未來發展方向。

本書不僅是對大型語言模型技術的一次全面審視，更是對目前大型語言模型的商業戰略和市場競爭的深刻洞察。本書文字表達通俗易懂、易於理解、富於趣味，內容上深入淺出、循序漸進，無論你是人工智慧的愛好者，還是行業從業者，希望這本書能夠幫助你在紛繁的資訊中梳理出認識人工智慧行業變革以及即將到來的大型語言模型時代的線索。

目錄

CONTENTS

Chapter **3**　**Anthropic：OpenAI 的最強勁敵**

Chapter **4**　**Google：從失守到追趕**

Chapter 5　Meta：從元宇宙到大型語言模型

Chapter **6** xAI：馬斯克的大型語言模型佈局

Chapter **7** Apple：迎接關鍵一戰

Chapter **8** Cohere：大型語言模型的行業新星

Chapter **9**　大型語言模型下一站：開源還是閉源？

1

大型語言模型的
前世今生

1.1 ｜ 從 ChatGPT 到大型語言模型革命

　　從 2022 年底 ChatGPT 橫空出世，成為全球的焦點並在工作生活中迅速普及應用，到 2023 年整年的大型語言模型熱潮，在科技巨浪奔逐下，大型語言模型技術就如同一顆璀璨的新星，迅速崛起並引領著一場前所未有的技術革命，將人類文明進一步推向繁榮。從 ChatGPT 開始，一個由大型語言模型技術驅動的新的時代正在加速到來。

　　人類因為大型語言模型技術的出現與成熟，將正式開啟人類社會進入一場新的工業革命時代，也就是正在到來的第四次工業革命。

1.1.1　第四次工業革命正在到來

第一次工業革命

　　18 世紀 60 年代中期，英國掀了一場技術革命，這是技術發展史上的重大變革，開啟了機器代替手工作業的時代。1765 年，由織工哈格里夫斯所發明的「珍妮紡織機」，揭開了工業革命的序幕。這不僅是一次空前的技術革命，更是一場深刻的現代科技變革。這場革命的特點是發明和使用機器，特別是蒸汽機的廣泛應用。到了 1785 年，瓦特製成的改良型蒸汽機投入使用，為人類社會提供了更加便利的動力，就推動了機器取代人的運動，人類社會正式進入「蒸汽時代」。第一次工業革命，也稱為產業革命，不僅從生產技術上建立以機器化的工廠制度取代了手工作業，也就是機器取代人力勞動。同時，在社會關係上，依附於落後生產的自然農耕模式逐漸消失，當然我們今天回顧歷史最典型的就

是馬車夫被汽車司機所取代，也就是原始社會的生物體動力被機器動力所取代。

第二次工業革命

發生在 19 世紀最後的 30 年到 20 世紀初，由第一次工業革命所引發的科技變革思維，人類社會開始掌握一些現代研究的方法，藉助於這些科學與學科方法的深入研究與探索，就將過去基於經驗哲學的發展方式轉變為基於數學為基礎的數量研究時代。

1866 年德國人西門子製成了發電機，到 70 年代，實際可使用的發電機開始問世。由於電的發現與應用，人類社會正式從「蒸汽時代」步入「電氣」，在這個時期電燈、電話、電報、放映機等相繼出現，一些掌握著這些劃時代技術的國家，他們的工業總產值首次超過了農業總產值。工業重心從第一次工業革命的輕紡工業轉向重工業，並且出現了電氣、化學、石油等新興工業。

尤其是在 19 世紀 70 年代以後，隨著發電機和電動機的相繼發明，以及遠距離輸電技術的發展，電氣工業開始迅速得以發展，電力開始在生產和生活中被廣泛應用。以及 90 年代以後內燃機的出現與廣泛應用，不僅推動了汽車和飛機的發展，更是加速了人類社會藉助於機器動力來成為核心的生產工具與生產要素，這也促進了石油工業的繁榮。

化學工業也在這期間開始出現，從 80 年代開始，由於煤炭的廣泛使用，一些研究人員開始從煤炭中提煉出氨、苯、人造燃料等一些初步的化學產品，隨著石油的使用，塑膠、絕緣材料、人造纖維、無煙火藥也相繼發明並投入生產，尤其是塑膠的使用不僅再次改變了人類生活方式，同時也對地球的生態破壞埋下了巨大的隱患。

第三次工業革命

從 20 世紀四五十年代起，隨著原子能、電腦技術、微電子技術、航太技術、分子生物和遺傳工程等領域取得重大突破，尤其是電腦技術的突破與商業化應用，標誌著新一科學技術革命的到來，被稱為第三次工業革命。第三次工業革命的標誌性事件可以說是 1946 年出現的第一代電子管電腦為代表，隨後隨著技術的進一步突破，1959 年以電晶體為核心的第二代電腦開始出現，到 1964 年以積體電路為核心的電腦開始出現，直到 1970 年大型積體電路的電腦開始出現，由此正式開啟一個人類的全新時代，電腦時代，一個全新的網際網路資訊時代。

和以往的兩次工業革命一樣，都對人類社會的生產、生活、商業等各個方面帶來了重塑，只是這一次基於電腦與網際網路的技術革命，比以往的兩次工業革命影響都更深刻，不論是從深度與廣度的任何一個維度，都是過去無法比擬與想像的變革。

這次的工業革命催生了大量新型工業，尤其是第三產業基於資訊技術的變化而獲得了快速發展。可以說，我們在 20 世紀後半葉，到 21 世紀的今天，我們人類社會的各個方面都在圍繞著電腦所帶來的資訊革命而變革。電腦以其強大的計算能力與龐大的資訊儲存能力，對人類社會的資訊生產、儲存、傳輸、獲取等各個方面都帶來了史無前例的便捷與強大。

而資訊生產要素的變革，必然就會帶來所有學科、知識的整合與躍遷，這也就是我們今天所面對的時代，人類社會從文化、商業、政治、軍事、生物、醫學、物理、化學、材料等各個方面，都獲得了空前的突破與發展。也正是因為電腦技術的不斷突破，當然核心是計算能力的不斷突破，也促使了基於電腦計算能力研發方面獲得不斷的突破，而運算能力的不斷提升就不斷的加速電腦智慧化技術的突破。

於是，我們人類社會就迎來了空前的第四次工業革命，也就是人工智慧革命，也就是我們當下正在到來的時代。

談到這裡，我想非常有必要跟大家做個總結，這樣能更方便我們來思考人工智慧時代，也就是正在到來的第四次工業革命。從歷史的發展來看，當然這種歷史也並非是全部面貌，只能說是基於近代人類文明有延續記載的歷史來看，我們從農業開始，隨著技術的突破與發展，人類社會處於一個技術突破與研究突破雙輪驅動的發展模式中。

我們可以非常清晰的看到，每一次技術的突破就會帶動生產工具、生產要素、生產資料發生改變，而更重要的是會輔助科學探索研究的工作發生意想不到的加速與突破。但從歷史的發展中，我們幾乎可以發現一個規律，那就是每一次的工業革命所帶來的技術突破與對人類社會的重構都越來越深遠。同時，每一次的工業革命之後，都會對下一次工業革命的突破構成根本性的影響，可以說是下一次工業革命的基礎。而歷史的週期讓我們看到，幾乎每一次工業革命的週期都是一個世紀，通常花費半個世紀探索新一輪技術革命的技術，經歷半個世紀的探索之後獲得成熟應用，於是就引發新一輪的工業革命，之後就會對人類社會的各個方面帶來重構，而這個週期通常也會延續半個世紀。

而在這個應用與重構的半個世紀中，新的技術又將開始萌芽，並獲得突破，或者說正在醞釀下一輪的工業革命。而正在到來的第四次工業革命，也正在遵循著這樣的一個週期，我們可以從人工智慧的發展歷史來洞察這一場新的工業革命。

第四次工業革命

人工智慧（Artificial Intelligence，簡稱 AI）作為一項前沿技術，其發展歷程承載了人類對智慧的探索與渴望。自 20 世紀中葉以來，人工

智慧的發展經歷了多個階段，從最初的理論構想到如今的實際應用，每一步都標誌著人類智慧的飛躍。

自從 20 世紀 50 年代開始，人工智慧經歷了漫長的發展歷程，湧現出了許多具有里程碑意義的理論和技術。正如之前的每一次工業革命一樣，開始於技術的突破，也因為技術的不斷突破而加速新技術的突破。同樣，這一次的人工智慧革命也是如此，因為運算能力的不斷突破，就使得人工智慧的各種技術與設想成為了一種可能。

人工智慧的概念最早可以追溯到古希臘哲學家亞里斯多德和中國古代哲學家墨子，他們曾探討過人造機器和智慧的可能性，但真正意義上的人工智慧起源於 20 世紀。40 年代和 50 年代，電腦科學的發展為人工智慧的研究奠定了基礎。隨著電腦技術的進步，更關鍵的是因為資訊的資料化之後所帶來大數據的爆發，以我們人類自身的能力已經無法應對龐大的資料海洋。在上世紀 90 年代，網際網路還沒有普及的時候，我們人類每天產生的資訊只有 100GB。但到 2022 年，也就是生成式大型語言模型獲得應用之前，全球 76 億人，每天產生的資料高達 120 億 GB。

而根據 IDC 發佈《資料時代 2025》的報告顯示，全球每年產生的資料將從 2018 年的 33ZB 增長到 175ZB，相當於每天產生 491EB 的資料。那麼 175ZB 的數據到底有多大呢？ 1ZB 相當於 1.1 兆 GB。在龐大的資訊資料面前，我們人類想要應對，只有兩種方式，一種是控制資訊的增長，也就是控制大數據時代的發展，但這幾乎不可能，因為我們正在朝著更龐大的資料時代發展，也就是萬物資料化的元宇宙時代發展；那麼另外一種方式就是發展一種智慧技術成為我們人類的助理，幫助我們人類面對龐大的資料海洋。

於是一些科學家就開始嘗試使用機器來模擬人類思維和解決問題的能力，也就是打造人工智慧技術。而人工智慧技術發展到今天，過程充滿著曲折。

一、起步階段：理論探索（20 世紀 50 年代）

人工智慧的概念最早可以追溯到 20 世紀 50 年代，當時誕生了「人工智慧」這一術語。早期的研究者們對智慧行為的模擬充滿了好奇與憧憬，他們試圖透過開發電腦程式來模仿人類的思維過程。在這一階段，圖靈測試成為了評估人工智慧的標準，即電腦是否能夠表現出與人類一樣的智慧行為。

也就是在 1950 年，由英國數學家艾倫‧圖靈提出了著名的「圖靈測試」，即透過判斷一個機器是否能夠展現出與人類不可區分的智慧行為來定義人工智慧。這一定義奠定了人工智慧研究的基礎。在 1956 年的達特茅斯會議上，人工智慧的種子在美國達特茅斯學院的土壤中生根發芽。麥卡錫首次提出了「人工智慧」這一術語，並將其定義為「製造智慧型機器的科學與工程」。

20 世紀 50 年代，人工智慧研究主要集中在符號主義方法上，認為智慧行為可以透過邏輯推理和符號操作來實現。紐維爾和西蒙開發了一個名為「邏輯理論家」的程式，用於證明數學定理。撒母耳開發了第一個電腦下棋程式，被認為是最早的機器學習程式之一，並首創了「機器學習」一詞。此外，麥卡錫和明斯基在麻省理工大學成立了最早的人工智慧實驗室。

在人工智慧的理論探索階段，人工智慧的發展其實主要集中在符號邏輯推理（Symbolic Logic）和專家系統（Expert Systems）等領域。代表性的工作包括 Alan Turing 的《計算機器與智慧》和 John McCarthy

的《奠定人工智慧基礎的會議》，這些成果為後來的人工智慧研究奠定了基礎。

二、起步階段：技術探索（20 世紀 60 年代）

到 20 世紀 60 年代，人工智慧開始從理論走向實踐，研究人員關注如何讓電腦自己學習，並嘗試使用自然語言處理技術來讓電腦理解人類語言。在這一時期，約瑟夫‧維森鮑姆開發了名為艾麗莎（ELIZA）的聊天機器人，模擬醫生與患者之間的對話，開啟了自然語言處理研究的新篇章。

同時，在這個時期，人工智慧的另外一項技術也開始獲得關注，一些人工智慧研究人員開始關注知識表示和專家系統。其中，費根鮑姆領導的團隊開發的 DENDRAL 系統是第一個成功的專家系統。

而所謂的知識表示，就是研究如何將人類知識轉化為電腦可以處理的形式，而專家系統則是一種模擬人類專家決策能力的電腦程式。專家系統透過整合特定領域的知識庫和推理引擎，來模擬專家的決策過程，從而在複雜問題上提供專業建議或解決方案。

在這個時期，神經網路研究取得了重要進展。由美國心理學家弗蘭克‧羅森布拉特提出了感知機（Perceptron）模型，也就是一種具有學習能力的神經網路。但在當時的進一步探索後，由於感知機器模型在處理非線性問題時存在局限，導致神經網路研究陷入停滯。

但不論是專家系統技術，還是神經網路技術，都是今天支撐著人工智慧可靠性的關鍵技術。

三、低谷階段：技術困境（20 世紀 70 年代至 80 年代）

然而，人工智慧的發展並非一帆風順。70 年代，人工智慧研究遇到了瓶頸，由於技術限制和過高期望，陷入低谷。這一時期被稱為「人工智慧的寒冬」，許多研究專案無法取得預期成果，導致資金和人才流失。在這個困境時期，主要是以下五方面的原因導致了人工智慧技術無法如預期獲得突破與發展：

1. **計算能力的限制**。在 70 年代和 80 年代初期，電腦的處理能力相對較弱，儲存容量有限，計算速度慢，這限制了人工智慧演算法的複雜性和規模。許多當時的人工智慧系統受制於硬體的限制，無法處理大規模的資料和複雜的計算任務。

2. **數據的稀缺性**。在那個時代，獲取大規模的資料非常困難。許多人工智慧演算法需要大量的資料進行訓練和測試，然而由於資料的稀缺性，這些演算法往往無法達到理想的性能水準。因此，許多機器學習演算法在 70 年代和 80 年代初期的應用受到了限制。

3. **知識表示的挑戰**。在專家系統的發展過程中，知識獲取和表示成為了一個關鍵問題。雖然專家系統可以利用專家知識解決特定領域的問題，但是將專家的知識轉化為電腦可處理的形式卻是一項困難的任務。知識表示語言的不完善和知識獲取的困難限制了專家系統的應用範圍和性能。

4. **符號主義與連接主義的衝突**。在 70 年代至 80 年代初期，符號主義（Symbolism）是人工智慧研究的主流範式。符號主義試圖透過符號邏輯推理來模擬人類智慧，但是在處理不確定性和模糊性等問題上存在局限性，難以處理現實世界中的複雜情況。

連接主義的興起：與符號主義相對立的是連接主義（Connectionism），它試圖模擬人類大腦的神經網路結構，透過學習和適應來實現智慧行為。然而，連接主義在 70 年代至 80 年代初期並沒有得到廣泛的認可和應用，因為當時的電腦技術和理論研究還不足以支援大規模的神經網路模型。

5. **缺乏應用場景**。儘管人工智慧技術在理論上取得了一些進展，但在實際應用方面進展緩慢。70 年代至 80 年代初期，許多人工智慧系統還停留在實驗室階段，缺乏真實世界的應用場景。這使得人工智慧技術無法發揮其潛力，也阻礙了該領域的進一步發展。

可以說，20 世紀 70 年代至 80 年代是人工智慧發展的早期階段，這一時期雖然取得了一些技術的重要進展，但受制於計算能力和資料的限制、知識表示的困難、範式之間的衝突等問題，導致人工智慧技術的發展陷入了空前的困境。

四、復甦期：技術突破（20 世紀 80 年代至 21 世紀初）

80 年代，人工智慧進入第二次發展高潮，機器學習技術的發展推動了專家系統的復興，使人工智慧研究重新煥發生機。其中以 IBM 的「深藍」在 1997 年戰勝了國際象棋世界冠軍為代表性事件，這是 AI 在複雜策略遊戲中的一次重大勝利，也重新點燃了 AI 研究的曙光。

進入 20 世紀 80 年代至 21 世紀初，人工智慧在停滯了一段時期之後，迎來了一些突破，其中包括了技術、理論和應用等多個方面的進步，主要歸結為以下五方面：

1. **專家系統和知識工程**。80 年代初期，專家系統開始成為人工智慧領域的熱點，各種領域的專家系統相繼湧現，在經歷了一段時期

的探索之後，這些系統擁有了將專家知識轉化為規則和邏輯形式的能力，實現了在特定領域達到專業水準的問題解決能力。而知識工程作為專家系統的基礎理論和方法，也重新成為人工智慧研究的一個重要方向。知識工程試圖解決知識獲取、表示、儲存和推理等問題，為專家系統的開發提供了理論和方法支援。

2. **機器學習和連接主義**。80 年代至 90 年代初，機器學習技術取得了重大突破，並且成為人工智慧研究的重要組成部分。在這個階段，決策樹、神經網路、遺傳演算法等機器學習演算法被廣泛研究和應用，用於模式識別、資料採擷等領域。同時，連接主義再次受到關注，推動神經網路的研究進入了一個新的階段。研究者們提出了一系列新的神經網路模型，如多層感知機、卷積神經網路和迴圈神經網路，取得了在圖像識別、語音辨識等領域的重大進展。

3. **專家系統與機器學習的融合**。80 年代中期至 90 年代初，人工智慧研究者們開始嘗試將專家系統與機器學習技術相結合，以克服各自的局限性。這一融合使得專家系統具備了自我調整學習的能力，能夠根據資料和環境的變化不斷優化和更新自己的知識和推理規則。

4. **實踐應用的拓展**。80 年代至 90 年代初，由於人工智慧技術獲得進一步的突破，人工智慧技術開始逐漸應用到實際生產和生活中，涉及到的領域包括了醫療診斷、金融風險評估、工業控制、自然語言處理等。這些應用的成功推動了人工智慧技術的進一步發展和普及，讓資本重新意識到人工智慧的商業化價值。

5. **深度學習的萌芽**。進入 90 年代初，深度學習作為一種基於多層神經網路的機器學習方法開始萌芽。儘管當時計算資源和資料量的限制使得深度學習的發展受到了一定的阻礙，但這一時期的研究為後來深度學習技術的興起奠定了基礎。

可以說，20 世紀 80 年代至 21 世紀初，人工智慧經歷了從理論研究到實踐應用的轉變，湧現出了一系列重要的技術和方法。也正是這一時期的人工智慧技術獲得一系列的突破，包括所表現出來的商業應用可能，為未來取得更大的突破和進步奠定了基礎。

五、加速期：技術應用（21 世紀初至 2020 年）

90 年代，隨著電腦的家用化開始普及，以及網際網路的普及為人工智慧研究提供了運算能力的保障以及豐富的資料資源。大數據技術的發展使得電腦可以處理和分析巨量資料，為人工智慧研究提供了新的機遇。21 世紀初，深度學習技術的出現推動了神經網路研究的突破性進展，取得了在圖像識別、語音辨識等領域的顯著成果。

可以說，21 世紀初至 2020 年，人工智慧領域經歷了迅猛的發展，湧現出了許多重要的技術和應用，推動了人工智慧技術的普及和深入應用。人工智慧在這個時期獲得了資本、人才的大量湧入，主要表現為以下五方面：

1. **深度學習的崛起**：21 世紀初以來，深度學習技術取得了巨大的進步，成為人工智慧領域的主導技術。透過建構多層神經網路來學習資料的高層抽象表示，深度學習在圖像識別、語音辨識、自然語言處理等領域取得了令人矚目的成就。尤其是卷積神經網路（CNN）和迴圈神經網路（RNN）的應用，CNN 和 RNN 等深度學習模型在影像處理和序列資料處理領域取得了突破性進展。

例如，CNN 在圖像分類、目標檢測和圖像分割等任務中表現優異，而 RNN 在語言建模、機器翻譯和語音辨識等方面取得了重大進展。

2. **大數據和計算能力的支撐**：隨著網際網路的普及和資訊技術的發展，大規模的資料整合和處理成為可能，為人工智慧演算法的訓練和優化提供了充足的資料資源。同時，GPU 和 TPU 等計算硬體的發展，以及雲端運算和分散式運算技術的成熟，大幅提高了人工智慧模型的訓練速度和計算效率，加速了人工智慧技術的發展和應用。

3. **跨學科融合的發展**：人工智慧技術與電腦視覺、自然語言處理、機器學習、心理學、生物學等學科相互融合，形成了交叉學科的研究領域，推動了人工智慧技術的不斷創新和進步。

4. **應用領域的拓展**：人工智慧技術開始在各個領域得到了廣泛的應用，包括在智慧運輸、智慧製造、智慧醫療、智慧城市、金融科技、農業技術等領域。人工智慧技術為這些領域帶來了效率提升、成本降低、服務優化等顯著效果。

5. **面臨的挑戰和問題**：當然，在這個階段，大規模資料的應用也帶來了資料隱私洩露和資料安全等問題；同時，人工智慧演算法的偏見和不公平性引發了社會關注，如何加強演算法的公平性和透明度，確保人工智慧技術的公正應用都成為了社會討論的話題。

但從技術發展來看，21 世紀初至 2020 年，人工智慧領域取得了巨大的進步和成就，在技術、應用和理論等多個方面都取得了重大突破。

六、爆發期：進入人工智慧時代（2020 年至今）

　　隨著計算能力的飛速提升和資料集的大規模增長，人工智慧領域迎來了前所未有的爆發期。大型語言模型的概念開始引領 AI 的發展，透過龐大的參數數量和複雜的網路結構，在多個領域取得了突破性的進展。如 OpenAI 的 GPT 系列和 Google 的 BERT 模型，透過數十億甚至數千億的參數，取得了在自然語言處理等領域的驚人成就。同時，預訓練和微調等策略使得模型能夠更快速地。而在這一階段，技術依然在不斷的突破與進步，主要由以下幾方面：

1. 深度學習的進一步演進：自我監督學習和弱監督學習等技術的發展，使得人工智慧系統在資料稀缺或標記不完整的情況下仍能取得良好的性能。同時，遷移學習和增量學習等技術被廣泛應用於實際場景中，幫助模型更好地適應新任務和新環境，提高了模型的泛化能力。

2. 自然語言處理（NLP）的發展：預訓練語言模型（如 BERT、GPT 等）的出現和應用，極大地推動了自然語言處理領域的發展，使得在各種 NLP 任務上都能取得令人矚目的性能。而融合圖像和文本等多模態資料的語言模型的研究逐漸受到重視，為實現更加智慧的語義理解和生成提供了新的思路。

3. 電腦視覺（CV）的突破：圖像生成（如 GAN）和圖像理解（如目標檢測、圖像分割）等領域取得了顯著進展，特別是在醫療影像、自動駕駛等領域的應用上取得了重要突破。而自我監督學習和弱監督學習等技術在電腦視覺領域的應用也日益增多，為無監督學習提供了新的可能性。

4. **自動駕駛和智慧運輸**：自動駕駛技術在車輛感知、路徑規劃和決策控制等方面不斷取得進展，越來越接近商業化應用的實際需求。同時，人工智慧技術在智慧運輸管理方面的應用也逐漸成熟，包括交通流量預測、智慧交通號誌燈控制等。

5. **醫療健康領域的應用**：人工智慧在醫療影像診斷領域取得了重大進展，如輔助醫生進行疾病檢測和影像分析等。同時，基於醫療資料的 GPT 模型開始出現，利用生成式人工智慧技術對患者資料進行分析，實現了基於人工智慧的個性化的醫療診斷和治療方案。

6. **人機互動與智慧助理**：隨著生成式大型語言模型技術的出現，基於文本的人機交流、互動成為了可能。而運算能力的突破，讓文本之外的多模態得以實現，語音助理和智慧對話系統的應用越來越廣泛，為用戶提供更加智慧、便捷的服務和互動體驗。同時，人工智慧技術在增強現實（AR）和虛擬實境（VR）等領域的應用也逐漸增多，為用戶創造更加沉浸式的體驗。

而這些技術的突破與應用，將給人類社會帶來前所未有的萬年大變局。這其中最典型的代表技術，就是生成式大型語言模型技術，也就是以 ChatGPT 為代表的里程碑技術。

1.1.2 人工智慧的里程碑

作為人工智慧的里程碑，ChatGPT 誕生的意義不亞於蒸汽機的發明，不亞於電力的發明，不亞於電腦的發明，就像人類第一次登陸月球一樣，ChatGPT 不僅僅是人工智慧發展史的一步，更是人類科技進步的一大步。因為 ChatGPT 的出現讓人工智慧從之前的人工智障，走向了真正類人的人工智慧，也讓人類看到了基於矽基訓練智慧體的這個設想是可行的，是可以被實現的。

　　要知道，人工智慧從誕生至今，已經走過了漫長的七十多年。即便這七十多年裡，人工智慧領域也頻繁地傳來技術突破的消息，但並沒有一項突破能真正地將人工智慧帶進人們的生活。

　　2016 年，哈薩比斯聯合開發的人工智慧程式 AlphaGo 問世，擊敗了頂尖的人類專業圍棋選手韓國棋手李世乭，凸顯了人工智慧快速擴張的潛力。但隨後幾年的發展大家有目共睹，那就是不溫不火。因為從根本上來說，智慧演算法在類人語言邏輯層面並沒有真正的突破，可以說，人工智慧依然停留在大數據統計分析層面，超出標準化的問題，人工智慧就不再智慧，而變成了「智障」。

　　也就是說，在 ChatGPT 誕生之前，人工智慧還是停留在屬於自己機器語言邏輯的世界裡，並沒有掌握與理解人類的語言邏輯習慣。因此，市場上的人工智慧在很大程度上還只能做一些資料的統計與分析，包括一些具有規則性的讀聽寫工作，所擅長的工作就是將事物按不同的類別進行分類，與理解真實世界的能力之間，還不具備邏輯性、思考性。因為人體的神經控制系統是一個非常奇妙系統，是人類幾萬年訓練下來所形成的，可以說，在 ChatGPT 這種生成式大型語言模型出現之前，我們所有的人工智慧技術，從本質上來說還不是智慧，只是基於深度學習與視覺識別的一些大數據檢索而已。但 ChatGPT 卻為人工智慧應用和發展打開了新的想像空間。

　　作為一種大型預訓練語言模型，ChatGPT 的出現標誌著自然語言處理技術邁上了新臺階，標誌著人工智慧的理解能力、語言組織能力、持續學習能力更強，也標誌著 AIGC 在語言領域取得了新進展，生成內容的範圍、有效性、準確度大幅提升。

ChatGPT 整合了人類回饋強化學習和人工監督微調，因此，具備了對上下文的理解和連貫性。在對話中，它可以主動記憶先前的對話內容，即上下文理解，從而更好地回應假設性的問題，實現連貫對話，提升我們和聊天機器人互動的體驗。簡單來說，就是 ChatGPT 具備了類人語言邏輯的能力，這種特性讓 ChatGPT 能夠在各種場景中發揮作用——這也是 ChatGPT 為人工智慧領域帶來的最核心的進化。

為什麼說具備類人的語言邏輯能力，擁有對話理解能力是 GPT 為人工智慧帶來的最核心，也最重要的進化？

因為語言理解不僅能讓人工智慧幫助我們完成日常的任務，而且還能幫助人類去直面科學研究的挑戰，比如對大量的科學文獻進行提煉和總結，以人類的語言方式，憑藉其強大的資料庫與人類展開溝通交流。並且基於人類視角的語言溝通方式，就可以讓人類接納與認可機器的類人智慧化能力。

尤其是人類進入到了如今的大數據時代，在一個科技大爆炸時代，無論是誰，僅憑自己的力量，都不可能緊跟科學界的發展速度。如今在地球上一天產生的資訊量，就等同於人類有文明記載以來至 21 世紀的所有知識總量，我們人類在這個資訊大爆炸時代，憑藉著自身的大腦已經無法應對、處理、消化巨量的資料，人類急需一種新的解決方案。

比如，在醫學領域，每天都有數千篇論文發表。哪怕是在自己的專科領域內，目前也沒有哪位醫生或研究人員能將這些論文都讀一遍。但是如果不閱讀這些論文，不閱讀這些最新的研究成果，醫生就無法將最新理論應用於實踐，就會導致臨床所使用的治療方法陳舊。在臨床中，一些新的治療方法無法得到應用，正是因為醫生沒時間去閱讀相關

內容，根本不知道有新方法的存在。如果有一個能對大量醫學文獻進行自動合成的人工智慧，就會掀起一場真正的革命。

　　ChatGPT 就是以人類設想中的智慧模樣出現了，看起來就像是人類設想中的這樣一種解決方案。可以說，ChatGPT 之所以被認為具有顛覆性，其中最核心的原因就在於其具備了理解人類語言的能力，這在過去我們是無法想像的，我們幾乎想像不到有一天基於矽基的智慧能夠真正被訓練成功，不僅能夠理解人類的語言，還可以以人類的語言表達方式與人類展開交流。

1.1.3　掀起大型語言模型革命

　　ChatGPT 一經問世，就掀起了人工智慧大型語言模型的狂風浪潮。究其原因，聰明又強大的 ChatGPT 背後，採用的正是大型語言模型技術路線。實際上，基於大型語言模型技術路線，ChatGPT 才有了我們看到的成功。可以說，ChatGPT 的成功，證明了大型語言模型技術路線的勝利，而因為看到了大型語言模型技術路線的勝利，市場上關於大型語言模型研發的熱潮才會一發不可收拾。

　　具體來看，本質上，ChatGPT 是一個出色的自然語言處理（NLP）模型 —— NLP 技術是人工智慧（AI）和機器學習（ML）的子集，專注於讓電腦處理和理解人類語言，比如我們熟知的 Alexa 和 Siri 這樣的語音助理就是利用了自然語言處理技術。ChatGPT 利用了自然語言處理領域中一種非常流行和強大的模型架構，那就是 Transformer 模型。

　　那麼，Transformer 模型又是什麼呢？這就需要回到 NLP 技術發展歷程來看，在 Transformer 模型出現以前，自然語言處理領域主流模型是迴圈神經網路（RNN），再加入注意力機制（Attention）。

RNN 的優點是，能更好地處理有先後順序的資料，比如語言。而注意力機制，就是將人的感知方式、注意力的行為應用在機器上，讓機器學會去感知資料中的重要和不重要的部分。比如，當我們要讓 AI 識別一張動物圖片時，最重要該關注的地方就是圖片中動物的面部特徵，包括耳朵，眼睛，鼻子，嘴巴，而不用太關注背景的一些資訊，注意力機制核心的目的就在於希望機器能在很多的資訊中注意到對當前任務更關鍵的資訊，而對於其他的非關鍵資訊就不需要太多的注意力側重。可以說，注意力機制讓 AI 擁有了理解的能力。

但 RNN + Attention 模型會讓整個模型的處理速度變得非常非常慢，因為 RNN 是一個詞一個詞處理的，每步計算都要等待上一步完成。並且，在處理較長序列，例如長文章、書籍時，存在模型不穩定或者模型過早停止有效訓練的問題。

於是，2017 年，Google 大腦團隊在神經資訊處理系統大會發表了一篇名為「Attention is all you need」（自我注意力是你所需要的全部）的論文。簡單來說，這篇論文的核心就是不要 RNN，而要 Attention。研究人員在文中首次提出了基於自我注意力機制（self-attention）的變換器（transformer）模型，並首次將其用於自然語言處理。相較於此前的 RNN 模型或者其變體，2017 年提出的 Transformer 模型，允許模型在一次計算中考慮到輸入序列的全部元素，從而實現了並行處理，顯著提高了計算效率，並且訓練出的模型可以用語法解釋，也就是模型具有可解釋性。同時，這種機制也提高了模型對長距離依賴關係的敏感性。

因為沒有 RNN 只有 Attention 的 Transformer 模型不再是一個詞一個詞的處理，而是一個序列一個序列的處理，可以平行計算，所以計算速度大幅加快，一下子讓訓練大型語言模型、超大型語言模型、巨大型語言模型、超巨大型語言模型成為了可能。

　　於是，OpenAI 在一年之內開發出了第一代 GPT，第一代 GPT 在當時已經是前所未有的巨大型語言模型，具有 1.17 億個參數。而 GPT 的目標只有一個，就是預測下一個單詞。如果說過去的 AI 是遮蓋掉句子中的一個詞，讓 AI 根據上下文「猜出」中間那一個詞，進行完形填空，那麼 GPT 要做的，就是要「猜出」後面一堆的詞，甚至形成一篇通順的文章。

　　事實證明，基於 Transformer 模型和龐大的資料集，GPT 做到了。開發者們使用了經典的大型書籍文本資料集進行模型預訓練。該資料集包含超過 7000 本從未出版的書，涵蓋冒險、奇幻、言情等類別。在預訓練之後，開發者們針對四種不同的語言場景、使用不同的特定資料集對模型進行進一步的訓練。最終訓練所得的模型在問答、文本相似性評估、語義蘊含判定、以及文本分類這四種語言場景，都取得了比基礎 Transformer 模型更優的結果，成為新的業內第一。

　　2019 年，OpenAI 公佈了一個具有 15 億個參數的模型 ── GPT-2。GPT-2 模型架構與 GPT-1 原理相同，主要區別是 GPT-2 的規模更大。不出意料，GPT-2 模型刷新了大型語言模型在多項語言場景的評分記錄。

　　而 GPT-3 的整個神經網路更是達到了驚人的 1750 億個參數。除了規模大了整整兩個數量級以外，GPT-3 模型架構與 GPT-2 沒有本質區別。不過，就是在如此龐大的資料訓練下，GPT-3 模型已經可以根據簡單的提示自動生成完整的、文從字順的長文章，讓人幾乎不能相信這是機器的作品。GPT-3 還會寫程式碼、創作菜譜等幾乎所有的文本創作類的任務。

　　從 GPT-1 到 GPT-3，OpenAI 做了兩年多時間證明了大型語言模型的可行性，參數從 1.17 億飆升至 1750 億，也似乎證明了參數越大，人

工智慧的能力越強。也因此，在 GPT-3 成功後，包括 Google 在內競相追逐做大型語言模型，參數高達驚人的兆、甚至 10 兆規模，掀起了一場參數競賽。

但這個時候，反而是 GPT 系列的開發者們冷靜了下來，沒有再推高參數，而是又用了近兩年時間，花費重金，用人工標注大量資料，將人類回饋和強化學習引入大型語言模型，讓 GPT 系列能夠按照人類價值觀優化資料和參數。

這也讓我們看到一點，那就是 ChatGPT 的突破可以說是偶然的，同時也是必然。偶然就在於 ChatGPT 的研發團隊自己也沒有料到他們所研究的技術方向，在經歷過多次的參數調整與優化之後，就達到了類人的語言邏輯能力。因此這種偶然性就如同技術的奇點與臨界點被突破一樣。必然則在於 ChatGPT 背後的團隊在自己所選擇的人工智慧方向上，在基於 NLP 神經網路的技術方向上持續的深入優化，每一次的參數優化都是以幾何倍數級的方式在進化。這種量變的累積就必然會帶來質變的飛躍，並且獲得了奇點般的技術突破。

不論如何，今天，一場由 ChatGPT 引發的大型語言模型革命都已經開啟。一方面，ChatGPT 的推出，標誌著自然語言處理領域取得重大突破，人類社會正式進入大型語言模型時代，2023 年因此被稱為「大型語言模型元年」。2023 年 3 月，具備多模態能力的 GPT-4 驚豔發佈，海內外科技巨頭、研究機構等紛紛跟進，至 2024 年 2 月 Sora 面世，大型語言模型在影片生成領域的重要進步。與此同時，ChatGPT 也掀起了世界範圍內的大型語言模型激戰，Google、Meta 等科技巨頭陸續推出 ChatGPT 競品，人工智慧領域商業競爭加劇。

　　另一方面，在大型語言模型技術的推動下，人工智慧應用的範圍也得到了顯著擴展 —— 對於個人而言，從文本創作到日常辦公，大型語言模型正以更加精準和高效的服務方式賦能各種場景；此外，大型語言模型還在教育、科學研究、新聞、設計、醫療、金融等多個行業加速落地，為各個領域都帶來革命性的變革。大型語言模型不僅提高了人工智慧系統的性能，還為使用者帶來了更便利、更智慧的體驗。這種技術的廣泛應用，進一步推動了整個行業的發展，促進了人工智慧與其他領域的融合。

　　人類正在進入一個前所未有的機器智慧時代，一個全新的人機協同時代因為大型語言模型技術的出現而加速到來。

1.2 ｜ 大型語言模型發展簡史

　　從基於規則到基於人類意識，大型語言模型是技術進步的必然產物。根據大型語言模型的發展歷程，我們可以將大型語言模型的發展分為初期探索階段、快速成長階段和全面爆發階段。每一個階段，都有許多影響大型語言模型發展的關鍵時刻。

1.2.1　初期探索階段：大型語言模型發展的基礎

　　類神經網路（Artificial Neural Networks，簡稱 ANN）和深度神經網路（Deep Neural Networks，簡稱 DNN）是深度學習領域的重要組成部分，特別是深度神經網路，更是大型語言模型發展的基礎。

我們可以把類神經網路（ANN）想像成大腦的數位模型。它由一系列類神經元組成，這些神經元相互連接，形成網路。每個神經元接收來自其他神經元的輸入，透過對輸入進行加權求和並經過處理後產生輸出。類神經網路透過訓練過程不斷調整神經元之間的連接權重，以適應特定任務。

深度神經網路（DNN）是類神經網路的一種特殊形式，它具有多個隱藏層。深度神經網路通常包含多個層級，每個層級由多個神經元組成，這些層級之間相互連接。資訊從輸入層流向輸出層，透過多個隱藏層進行非線性變換和特徵提取。由於其深層結構，深度神經網路能夠學習到更加複雜的特徵表示，並且在處理大規模資料和複雜任務時表現更加出色。

具體來看，正如上文所提到，類神經網路最早出現於 20 世紀 40 年代和 50 年代。1943 年，心理學家麥卡洛克（Warren Mc Culloch）和數學家皮茨（Walter Pitts）提出了一種稱為「邏輯神經元模型」的抽象數學模型，它模擬了生物神經元的基本功能。這個模型被認為是類神經網路的起源，它描述了神經元接收輸入訊號並產生輸出訊號的過程。

在 20 世紀 50 年代，神經網路的研究得到了進一步發展。1958 年，羅森布拉特（Frank Rosenblatt）提出了一種稱為「感知器」（perceptron）的神經網路模型，它是一個由類神經元組成的單層前饋神經網路。感知器能夠學習將輸入映射到輸出，並且可以用於解決簡單的模式分類問題。這被視為類神經網路在機器學習領域的首次成功應用。儘管當時類神經網路在一些特定任務上表現出了一定的能力，但由於計算能力和資料量的限制，以及缺乏有效的訓練演算法，類神經網路的研究進展相對緩慢。

直到 20 世紀 80 年代末和 90 年代初，隨著計算能力的提升和大規模資料集的可用，神經網路研究再次興起。1986 年，魯梅爾哈特（David Rumelhart）、辛頓（Geoffrey Hinton）和威廉姆斯（Ronald Williams）等提出了反向傳播演算法（BP），這一演算法降低了訓練神經網路的計算複雜度，為神經網路的發展提供了強而有力的支援。同時，透過在神經網路裡增加一個所謂隱層（hidden layer），就像是給大腦多了一層處理資訊的層次一樣，反向傳播演算法解決了感知器無法解決的一些問題，如互斥或閘難題。這種新的神經網路結構使得模型能夠更好地理解和處理複雜的資料模式，為神經網路的發展開闢了新的道路。

在此基礎上，1987 年，Alexander Waibel 等提出了第一個卷積神經網路 —— 時間延遲網路（TDNN），這是首個應用於語音辨識的卷積神經網路。TDNN 的工作原理就像是我們大腦在聽懂別人說話時的工作原理。它首先對輸入的聲音訊號進行了一些特殊處理，類似於我們的耳朵接收到聲音。然後，通過快速傅立葉轉換（FFT）對語音訊號進行預處理，就像是我們的大腦對不同頻率的聲音進行分析，從而更好地理解聲音的結構和特點。接著，TDNN 使用了兩個特殊的「篩檢程式」——一維卷積核提取頻率域上的平移不變特徵，這一步類似於我們的大腦對聲音的敏感程度，來提取語音訊號中的重要資訊。這種處理方式讓人工智慧能夠更準確地識別出說話者的語音，就像我們的大腦能夠根據聲音的特點來判斷說話者的身份和情緒一樣。

1988 年，Wei Zhang 提出了第一個二維卷積神經網路：平移不變類神經網路（SIANN），並將其應用於檢測醫學影像。SIANN 採用了類似的思路，透過卷積操作捕捉圖像中的局部特徵，並且具備了對平移變換的不變性，這使得神經網路在處理醫學影像等領域的任務上取得了重大突破。

同一時間，Yann LeCun 建構了一種應用於電腦視覺的神經網路，即 LeNet。LeNet 採用了兩個卷積層和兩個全連接層的結構，其中包含了六萬個可調節的參數。這個網路的設計與現代的卷積神經網路非常接近，並且 Yann LeCun 首次引入了「卷積」這一術語，為這類神經網路正式命名為卷積神經網路（CNN）奠定了基礎。隨後的 1998 年，Yann LeCun 及其合作者進一步完善了 LeNet，推出了 LeNet-5，並在手寫數位識別等任務中取得了巨大成功。這一成果標誌著機器學習從早期基於淺層模型的方法向基於深度學習的模型轉變，為自然語言生成、電腦視覺等領域的深入研究奠定了堅實的基礎。

2006 年，Geoffrey Hinton 與 Simon Osindero 和 Yee-Whye Teh 合作提出了深度學習的概念。他們在一篇名為《A Fast Learning Algorithm for Deep Belief Nets》的論文中介紹了深度信念網路（Deep Belief Nets，DBN），這是一種堆疊的生成式模型，為深度學習的訓練提供了一種有效的方法。這篇論文也讓學術界重新關注到了深度學習，並為後續深度學習方法的發展奠定了基礎。Geoffrey Hinton 因其對深度學習的貢獻而成為深度學習領域的重要人物之一。

1.2.2 快速成長階段：大型語言模型崛起的準備

儘管深度學習的概念很早就被提出，但由於計算能力有限，無法有效處理深層神經網路的訓練問題，深度學習並沒有得到廣泛的應用和研究。

進入 21 世紀，伴隨計算能力的顯著提升和大數據的興起，深度學習開始迅猛發展，特別是在 2010 以後，深度學習得到了顯著的重視和發展，並在各個領域取得了突破性成果。

2012 年是深度學習的重要轉捩點。在這一年，AlexNet 在 ImageNet 圖像分類挑戰賽（ILSVRC）中取得了突破性的成果，引起了廣泛的關注。AlexNet 是一種深度卷積神經網路，由 Alex Krizhevsky、Ilya Sutskever 和 Geoffrey Hinton 設計和提出。它在 ImageNet 圖像分類挑戰賽中取得了令人矚目的成績，標誌著深度學習在電腦視覺領域的重要突破，也標誌著深度學習的興起，大型語言模型進入了一個新的發展階段。隨著硬體設備的升級和分散式運算的應用，越來越多的研究人員開始關注如何建構更大、更強的深度學習模型。

緊接著在 2014 年，Google 的研究人員提出了 Inception-v1 模型（又名 GoogLeNet），Inception-v1 模型採用了 Inception 模組，使用不同尺寸的卷積核並行處理輸入，以捕捉不同尺度的特徵，總參數量約 520 萬個，可訓練參數量約 490 萬個。透過並行使用不同尺寸的卷積核來捕獲多尺度的圖像特徵，這種設計大大增強了模型的表達能力，同時有效地控制了計算資源的消耗。在同年的 ILSVRC 2014 圖像分類比賽中，Inception-v1 模型以其卓越的性能一舉奪魁。之後，Google 團隊在 Inception-v1 的基礎上繼續改進和演化，提出了更多版本的 Inception 模型，如 Inception-v2、Inception-v3、Inception-v4 等，以進一步提高性能和效率。

同年，Facebook 發佈了基於深度學習技術的 DeepFace 專案。DeepFace 專案的核心是一個深度卷積神經網路（CNN），它透過學習大量的標注人臉圖像來提取具有表徵能力的特徵。該網路結構由多個卷積層、池化層和全連接層組成，其中卷積層用於提取圖像的局部特徵，池化層用於降低特徵圖的維度，全連接層用於將特徵映射到人臉身份標識。

根據 Facebook 發佈 DeepFace 時的報導，Facebook 的這項技術在野生標記面部資料集（Labeled Faces in the Wild，LFW）上實現了超過 97% 的識別準確率，這一成就進一步證實了深度學習技術在複雜影像處理領域的應用潛力。

此外，2014 年，Ian Goodfellow 等人還提出了一種生成對抗網路（Generative Adversarial Networks，GANs）的框架，用於生成逼真的樣本。GANs 的核心思想是透過訓練一個生成器網路和一個判別器網路來進行博弈，從而實現生成新樣本的能力。它由兩個主要元件組成，生成器（Generator）和判別器（Discriminator）。生成器負責生成偽造的樣本，而判別器則負責判斷輸入樣本是真實樣本還是生成器生成的偽造樣本。它們透過對抗訓練的方式相互競爭和協作。GANs 的提出推動了深度學習在生成模型和無監督學習領域的發展。

2015 年，何愷明等人又提出了深度殘差網路模型（Deep Residual Network，ResNet）。這種模型透過殘差連接解決了深層網路訓練過程中的梯度消失問題，使得網路能夠建立更深的層次，極大地提高了訓練深度網路的效率和準確性。ResNet 的成功，使其成為後續深度神經網路設計中的重要基石。ResNet 最常用的版本是 ResNet-50、ResNet-101 和 ResNet-152，它們分別包含 50、101 和 152 個卷積層，參數量達到千萬級。這些深度的網路在圖像分類、目標檢測和語義分割等電腦視覺任務中取得了很好的性能。

2016 年 3 月，Google 旗下 DeepMind 公司開發的 AlphaGo 與圍棋世界冠軍、職業九段棋手李世乭進行圍棋人機大戰，全球矚目。最終，AlphaGo 以 4 比 1 的總比分獲勝。這次勝利引起了全球範圍內的關注，因為圍棋是一種非常複雜的棋類遊戲，其棋盤上的可能局面數量幾乎是

無窮的。AlphaGo 的設計基於深度神經網路和蒙特卡洛樹搜尋（Monte Carlo Tree Search，MCTS）演算法。它透過大量的訓練資料和自我對弈來提高自己的水準，並能根據對手棋局做出決策。它的成功展示了人工智慧在複雜領域中的潛力，並引發了對人工智慧發展和影響的廣泛討論。可以說，AlphaGo 的勝利不僅展示了深度學習結合蒙特卡洛樹搜尋（MCTS）在複雜遊戲中的應用能力，也標誌著人工智慧在解決高度複雜問題上的一大步。

2017 年，基於強化學習演算法的 AlphaGo 升級版 AlphaGo Zero 橫空出世。AlphaGo Zero 不需要使用人類對局資料作為訓練輸入，而是完全透過自我對弈進行學習，從零開始構建自己的知識，並以 100:0 的比分輕而易舉打敗了之前的 AlphaGo。AlphaGo Zero 的成功催生了類似的自我學習演算法，如 AlphaZero，它可以應用於其他棋類和遊戲領域，不依賴於人類先驗知識，展示了自我學習在人工智慧領域的巨大潛力。

2017 年，深度學習的相關演算法在醫療、金融、藝術、無人駕駛等多個領域均取得了顯著的成果 —— 這一年也因此被看作是深度學習甚至是人工智慧領域發展的重要里程碑年份，被認為是人工智慧突飛猛進的一年，這些技術的突破也為大型語言模型的崛起做足了準備。

1.2.3　全面爆發階段：大型語言模型的初現與勃興

自 2017 年起，深度學習領域邁入了一個新的發展階段，特別是在自然語言處理（NLP）領域，新的技術突破不斷湧現，推動了大型語言模型的發展。

2017 年，Google 顛覆性地提出了基於自注意力機制的神經網路結構 —— Transformer 架構，引發了自然語言處理領域的革命。

Transformer 引入了自注意力機制，允許模型根據輸入序列中不同位置的相關性動態地分配注意力權重，也就是說，模型可以在處理資料時同時考慮到句子中每個詞的重要性和它們之間的關係。這樣做的好處是，模型不會忽略句子中任何一個詞的影響，即便這些詞在句子中的位置相隔很遠。這種機制的引入使得編碼器和解碼器之間的計算可以並行進行，大幅提高了計算效率，使得研究人員能夠建構更大規模的語言模型。

除了自注意力機制，為了確保在模型的各層之間資訊能順暢傳遞，Transformer 使用了殘差連接（Residual Connections）和層歸一化（Layer Normalization）等技術。殘差連接允許資訊在網路中直接跳躍傳遞，相當於在模型的不同層之間搭建了橋樑，讓資訊可以不受阻礙地流動，這有助於防止訓練中出現資訊丟失的問題，使得深層網路的訓練更加穩定。層歸一化的作用是在模型處理資料前先對資料進行標準化，確保資料在一個合理的範圍內，這有助於模型更快、更穩定地學習。這些關鍵元件共同作用，使得 Transformer 成為了一種強大且高效的序列建模工具。

2018 年 6 月，OpenAI 發佈了 GPT-1，參數量 1.17 億，預訓練資料量約 5GB。GPT-1 就是採用了 Transformer 架構，並使用大規模的無標籤文本資料進行訓練。它的目標是透過預訓練來學習語言的統計規律和語義表示，然後在下游任務上進行微調，以實現更好的性能。GPT-1 的發佈，意謂著預訓練大型語言模型成為自然語言處理領域的主流，以 Transformer 為代表的全新神經網路架構，奠定了大型語言模型預訓練演算法架構的基礎，使大型語言模型技術的性能得到了顯著提升。

　　同年 10 月，Google 進一步推出了 BERT 模型，BERT 是一種雙向的語言模型，透過預測遮罩子詞 —— 先將句子中的部分子詞遮罩，再令模型去預測被遮罩的子詞 —— 進行訓練，這種訓練方式在語句級的語義分析中取得了極好的效果。BERT 模型還使用了一種特別的訓練方式 —— 先預訓練，再微調，這種方式可以使一個模型適用於多個應用場景。這使得 BERT 模型刷新了 11 項 NLP 任務處理的紀錄。在當時，BERT 直接改變了自然語言理解（NLU）這個領域，引起了多數 AI 研究者的跟隨。BERT 最有名的落地專案就是 Google 的 AlphaGo。

　　事實上，在今天，GPT 和 BERT 也是基於 Transformer 架構最突出的兩條大型語言模型技術路線，只不過 GPT 和 BERT 採用了不同的策略來進行模型的訓練和任務的適應。GPT 主要透過預訓練的方式學習語言模型，即學習預測下一個詞的任務，然後在特定任務上進行微調。GPT 的特點是它採用單向的自注意力機制，這意謂著每個詞只能「看到」它之前的詞，這樣有助於生成任務，比如文本生成。

　　BERT 則透過雙向的自注意力機制訓練其模型，這意謂著每個詞都能「看到」它前後的所有詞，這種全面的上下文理解使得 BERT 特別適合於需要深入語義理解的任務，如文本分類、問答系統等。BERT 的訓練中還引入了「遮蔽語言模型」（MLM）的概念，即隨機地遮蓋一些詞然後讓模型預測這些被遮蓋的詞，透過這種方式，BERT 能夠學習到文本中每個詞的上下文關係。在微調階段，BERT 同樣可以根據具體任務進行調整，以達到更好的效果。

　　此外，自 OpenAI 發佈 GPT-1、Google 推出 BERT 模型後，大型語言模型開始越來越多地在自然語言處理、電腦視覺、語音辨識等領域發揮重要作用。它們被用於機器翻譯、文本生成、對話系統、圖像分類、目標檢測等任務，並取得顯著的性能提升。

比如，在電腦視覺領域，2020 年，Dosovitskiy 等人發佈的 ViT 模型將 Transformer 架構成功應用於圖像分類任務，這一創新打破了卷積神經網路（CNN）長期佔據主導地位的局面。ViT 透過利用自注意力機制處理圖像，展現出在多個標準圖像分類任務上與傳統 CNN 相媲美甚至超越的性能。ViT 的成功不僅驗證了 Transformer 在視覺領域的有效性，也促進了深度學習技術在跨領域的廣泛應用。以此為基礎，後續的研究工作提出了各種改進和變種的 Transformer 模型，如 DeiT、T2T-ViT 等，進一步推動了圖像分類領域的發展。

可以說，大型語言模型的發展開啟了 AI 新時代，它以其強大的計算能力和泛化能力，引領了深度學習的發展方向。可以預期，未來，隨著技術的不斷進步和應用場景的不斷拓展，大型語言模型將在更多領域展現其巨大的潛力，為人類社會和生活帶來更多的便利和價值。

1.3 逐鹿群雄，百模爭霸

自 ChatGPT 問世以來，全球科技界就掀起了以大型語言模型為代表的新一輪人工智慧浪潮。眾多科技巨頭和研究機構都想在這輪浪潮中分得一杯羹，於是紛紛進軍大型語言模型，呈現出「百模大戰」甚至「兩百模大戰」的競爭發展態勢。特別是以 OpenAI、Anthropic 等初創企業和以 Google、Meta 為代表的科技巨頭都分別在 AI 大型語言模型的道路上蒙眼狂奔，AI 大型語言模型一時間如烈火烹油。

1.3.1 百模大戰在戰什麼？

ChatGPT 的成功毋庸置疑，它是人工智慧的質變，也將帶來的可預知的革命。無論我們是否贊同，以 ChatGPT 為代表的大型語言模型都已經或者正在改變世界。ChatGPT 的爆發就像一個開關，觸發了科技巨頭們的競爭欲，並在全球範圍內掀起了一場大型語言模型的激戰，畢竟，面對人工智慧具備的顛覆性力量，誰也不想在人工智慧技術上掉隊。

對於大型語言模型來說，想要證明實力，似乎離不開「測試」和「跑分」，即跑一些機構的大型語言模型評測體系的測試資料集來「拿分」再排名。而在當前，市面上的評測工具（系統）已經有不下 50 個，既有來自專業學術機構的，也有來自市場運作組織的，還有一些媒體也推出了對應的大型語言模型榜單。在不同大型語言模型「跑分」榜單中，同一個大型語言模型的表現可能相差很大。

要知道，進入 2024 年，大型語言模型已經進入到應用落地階段，在這個階段，對於大型語言模型來說，高分已經沒有太大價值和意義了，大型語言模型想要真正實現應用，一定是從產業實際需求來滿足需求。目前來看，可用且有效的大型語言模型，至少應該要具備幾個核心能力。

首先是長文能力。在很多垂直行業應用中，如金融、法律、財務、行銷等，長文件的分析處理和生成能力是剛性需求（Inelastic Demand），因為這些領域的文件通常篇幅較長，資訊量大，涉及的內容複雜，需要模型不僅能理解文本的字面意義，還要把握文件整體的結構和深層次的語義聯繫。

在長文本處理上，大型語言模型的核心能力體現在幾個方面。一是保持文本的邏輯連貫性和合理性，對於任何一個專業領域的應用來說，輸出的內容必須是邏輯嚴謹的，這不僅僅需要模型對單個句子或段

落有準確的理解，更需要在整個文件的層面上，能夠維持資訊的準確傳遞和邏輯推理。比如，在法律文件分析時，大型語言模型需要準確捕捉案件的關鍵事實，理解與之相關的法律條款，並能在生成法律意見書時保持論點的連貫性。二是對複雜語句的深度理解及記憶能力。長文件中常常包含複雜的結構和專業的術語，大型語言模型必須具備足夠的能力來處理這些複雜性。這不僅僅是詞彙層面的理解，更是對句子結構、語境的深度挖掘，以及能夠在整個文件中追蹤和記憶關鍵資訊的能力。

可以說，在長文中保持邏輯的連貫性、合理性，考驗著大型語言模型的綜合能力，這也是大型語言模型走向產業化的核心。目前，無論開源、閉源大型語言模型，都將長文能力作為一個核心競爭力。比如流行的開源大型語言模型 Llama 2，就將上下文長度擴展至 128k，閉源大型語言模型中，GPT-4 Turbo 支援了比 ChatGPT 更長的上下文。

其次是治理「機器幻覺」的能力，2023 年一年裡，我們已經見證了 ChatGPT、Bing AI Chat 或 Google Bard 的胡說八道 —— 這在技術上就被稱為「機器幻覺」。具體來說，「機器幻覺」就是指模型在沒有足夠資料支援的情況下，根據其從訓練資料中學到的模式，錯誤地推測或編造出看似合理但實際上是錯誤或虛構的資訊。

舉個例子，你向 ChatGPT 詢問：「成都是一座怎樣的城市？」它會告訴你：「成都是中國西南地區的一個歷史文化名城，位於四川盆地中部。成都是中國最古老、最繁華的城市之一，擁有豐富的歷史文化遺產和美食文化。成都的歷史可以追溯到 3000 多年前的古蜀國時期。作為古代絲綢之路的重要通道和商業中心，成都是古代文化的重要中心之一。成都也是中國唯一一個擁有三座世界文化遺產的城市，包括都江堰、峨眉山和樂山大佛。這些遺產代表了成都的古代灌溉、佛教文化和自然關景。」雖然 ChatGPT 給出了很多關於文化、地理資訊等方面的細

節，內容看起來很可靠，但事實上，ChatGPT 生成的內容許多都是錯誤的事實，也就是有害的幻覺。比如，「位於四川盆地中部」是錯誤的，因為成都位於四川盆地的西部；其次，「成都也是中國唯一一個擁有三座世界文化遺產的城市，包括都江堰、峨眉山和樂山大佛。」峨眉山和樂山大佛都在樂山市，距離成都還有 2 個多小時車程。治理「機器幻覺」的能力對於大型語言模型的實用性至關重要。只有當這些模型能夠生成真實、準確且可靠的輸出時，它們才能真正成為各行業不可或缺的工具，幫助人類解決實際問題。

最後一項，就是大型語言模型的多模態能力。多模態，顧名思義，多種模態。從人工智慧的角度來說，模態就是感官資料，包括最常見的圖像、文本、影片、音訊資料，也包括無線電資訊、光電感測器、壓力感測器等資料。對於人類來說，多模態是指將多種感官進行融合，對於人工智慧來說，多模態則是指多種資料類型再加上多種智慧處理演算法。根本上來說，多模態學習目的就是讓大型語言模型不僅能處理單一類型的資料，而是能夠將來自不同資料來源的資訊融合在一起，進行更為深入的分析和理解。比如，一個高效的多模態 AI 系統可以同時分析影片中的圖像內容和相應的音訊評論，以更全面地理解一個新聞事件的背景和情感傾向。這種能力對於設計更加智慧和適應性強的應用程式至關重要，特別是在自動駕駛汽車、智慧監控、虛擬助理等領域。

今天把大型語言模型應用到領域的時候，會發現問題非常多，根本達不到預期的效果。一個主要原因，大型語言模型完全是基於語言的，而真實世界的複雜任務，有大量的數值、圖表、語音、影片等多模態資料，資料的多模態特性增加了模型處理、建模和推理的複雜性。因此，大型語言模型要在實際業務中達到與人更接近的能力，也需要跨模態建立統一認知。

當然，真正有效地融合多模態資料並從中提取有用資訊仍是一項艱巨的任務。這不僅僅是技術上的挑戰，還涉及到對資料的理解、處理和表達方式的全面創新。實現這一點，需要持續的研究和大量的實驗。

總而言之，在百模爭霸的今天，誰能最後勝出還未可知，但不論如何，大型語言模型的長文能力、治理「機器幻覺」的能力和多模態能力都是決定一個大型語言模型能否真正落地應用，帶來真正的商業效益的重要參考。

1.3.2 不容忽視的「小模型」

在大型語言模型時代，除了通用大型語言模型值得關注外，垂直於行業的「小模型」同樣不容忽視。或者我們可以理解為所謂的大型語言模型，本質上就是 N 個行業垂直小模型，或者說 N 個行業專家模型組合而成。事實上，從人工智慧產業的角度來看，ChatGPT 的技術突破雖然讓我們看到了人工智慧大規模商業化的可能，但目前，我們也確實還只是處於一個人工智慧的應用起步階段，或者說人類即將進入人工智慧時代的一個初期階段。而如何透過人工智慧賦能當前的各種職業，進行效能的有效提升，則會是接下來人工智慧產業的重點。

顯然，人工智慧想要向前發展，一定不是僅僅局限於回答問題和生成內容，還在於它能夠在現實世界中承擔更實際的任務。在過去，甚至是現在，人工智慧都主要集中於處理資訊，比如回答問題、生成內容。

在這樣的背景下，特別是今天大型語言模型由於機器幻覺、運算能力能源等問題還存在諸多限制，我們需要的，或者說人工智慧產業亟需的，就是藉助於大型語言模型，對細分與垂直行業進行賦能與效率提

升，在當下，這種研發才具有可預期的商業化落地價值——透過打造垂直行業的「小模型」，讓人工智慧能夠更深入地介入人們的生活和工作，並透過自主地執行任務和計畫，實現從資訊到行動的重要轉變。

目前，許多機構和企業也對此做出了探索。比如，彭博社建構出了迄今為止最大的金融領域資料集，訓練了專門用於金融領域大型語言模型的 LLM，並開發了擁有 500 億參數的語言模型——BloombergGPT。頂著全球首個金融大型語言模型的光環，BloombergGPT 依託彭博社大量的金融資料來源，建構了一個 3630 億個標籤的資料集。BloombergGPT 可以極大提高金融機構的工作效率及穩定性，協助降本增效。在降本層面，BloombergGPT 可以在投資研究、研發程式設計、風險控制及流程管理等方面減少人員投入；增效層面，它既可以透過給定的主題和語境，自動生成高品質的金融報告、財務分析報告及招股書，同時輔助會計和審計方面的工作，還可提煉梳理財經新聞或者財務資訊，釋放專業人力到更需要人工專業的領域。

天風證券也在報告中指出，由於 BloombergGPT 比 ChatGPT 擁有更專業的訓練語料，它將在金融場景中表現出強於通用大型語言模型的能力，進而也標誌著金融領域的 GPT 革命已經開始。

BloombergGPT 只是大型語言模型落地金融行業的一個典型案例，在醫療行業，Google、微軟等科技巨頭，Sensely、Enlitic 等醫療科技公司，AbSci、Exscientia 等生物醫藥初創企業，以及賽紐仕等 CXO（醫藥外包）企業，也開始了相關的探索。

其中，Google 的 Med-PaLM2 是被關注的重點。它是第一個在美國醫師執照考試（USMLE）的 MEDQA 資料集上達到「專家」考生水準的大型語言模型，其準確率達 85 分以上；也是第一個在包括印度

AIIMS 和 NEET 醫學考試問題的 MEDMCQA 資料集上達到及格分數的人工智慧系統，得分為 72.3 分。

Med-PaLM2 也正對行業帶來變革性影響。透過 Med-PaLM2，可以分析大規模的生物醫藥資料，發現與疾病相關的基因、蛋白質和代謝途徑，識別潛在的靶點，幫助篩選具有潛在活性的藥物分子，從而縮小候選藥物的範圍，並優先選擇具有較高活性的化合物進行後續實驗驗證。備受時間煎熬的新藥研發，則將因此縮短研發週期，降低研發成本。

Med-PaLM2 的成功，還刺激 Google 在醫療大型語言模型領域投入更多。比如，與醫療軟體公司 Epic 合作，開發了一種基於 ChatGPT 的，可向患者自動發送專業醫療資訊的工具；Google 的合作方、護理供應商 Carbon Health 也基於 GPT-4 推出了一種 AI 工具 Carby，它可以根據醫生病人之間的對話，自動生成診斷記錄，大幅提高醫生的效率和診斷體驗。目前 Carby 已經被 130+ 家診所、超過 600 名醫療人員使用，舊金山的一家診所表示，使用了 Carby 後，其就診病人數量增加了 30%。

除了 Google 之外，NVIDIA 也在醫療大型語言模型領域佈局多年。2022 年 9 月，NVIDIA 發佈了用於訓練和部署超級電腦規模的大型生物分子語言模型 —— BioNeMo，幫助科學家更好地瞭解疾病並尋找最佳治療方案，BioNeMo 還提供雲端 API 服務支援預訓練 AI 模型。

教育領域也是大型語言模型應用落地的重要場景之一，其核心應用主要集中於語言學習、線上課程與輔助學習三個層面。當前，美國線上教育組織 Khan Academy 於 2023 年 4 月發佈的基於 GPT-4 模型，具有輔導教學、教案生成、寫作訓練、程式設計練習等功能的 AI 助教 Khanmigo 已經實現商業化運作，付費標準為 9 美元 / 月或者 99 美元 / 年。其中，輔導教學可以為學生進行一對一輔導。

Khanmigo 會主動解釋答題思路，並引導學生進行答題的思維訓練，直至學生自己計算出正確答案；此外，Khanmigo 還可以作為寫作指導老師，根據人物特徵、故事背景等具體細節，提示和建議學生以不同的切入點進行寫作、辯論等，釋放學生的創造力。

或許，比通用大型語言模型更快出現的，是垂直行業的「小模型」成為日常生活和工作中的生產力工具，它們不僅是文本生成的工具，還可以主動地執行任務、做決策，就像過去人類幻想的真正的人工智慧一樣。從醫療問診、輔助教育，到書籍出版，垂直行業的「小模型」將存在於各個行業和每一項可以被想像出的任務之中題，真正實現從資訊到行動的轉變，帶領我們進入一個更具實質性影響的 AI 時代。

1.4 ┃ 進入大型語言模型時代

ChatGPT 把我們帶進了大型語言模型時代，今天，透過大型語言模型在內容生成、文字翻譯和邏輯推理等任務下的高效、易動作表現，大型語言模型正在加速應用賦能，助推產業升級。而隨著資料、演算法和運算能力的不斷突破，大型語言模型還將不斷優化演進。在這樣的背景下，關於大型語言模型是否能夠實現通用人工智慧的討論熱度也日益提升。

由於人工智慧（AI）是一個廣泛的概念，因此會有許多不同種類或者形式的 AI。而基於能力的不同，人工智慧大致可以分為三類，分別是狹義人工智慧（ANI）、通用人工智慧（AGI）和超級人工智慧（ASI）。

到目前為止，我們所接觸的人工智慧產品大部分還是 ANI。簡單來說，ANI 就是一種被程式設計來執行單一任務的人工智慧 —— 無論是檢查天氣、下棋，還是分析原始資料以撰寫新聞報導。

ANI 也就是所謂的弱人工智慧。值得一提的是，雖然有的人工智慧能夠在國際象棋中擊敗世界象棋冠軍，比如 AlphaGo，但這是它唯一能做的事情，要求 AlphaGo 找出在硬碟上儲存資料的更好方法，它就會茫然地看著你。我們的手機就是一個小 ANI 工廠。當我們使用地圖應用程式導航、查看天氣、與 Siri 交談或進行許多其他日常活動時，我們都是在使用 ANI。ANI 就像是電腦發展的初期，人們最早設計電子電腦是為了代替人類計算完成特定的任務。

不過，艾倫·圖靈等數學家則認為，我們應該製造通用電腦，我們可以對其程式設計，從而完成所有任務。於是，在曾經的一段過渡時期，人們製造了各式各樣的電腦，包括為特定任務設計的電腦、類比電腦、只能透過改變線路來改變用途的電腦，還有一些使用十進位而非二進位工作的電腦。現在，幾乎所有的電腦都滿足圖靈設想的通用形式，我們稱其為「通用圖靈機」。只要使用正確的軟體，現在的電腦幾乎可以執行任何任務。市場的力量決定了通用電腦才是正確的發展方向。如今，即便使用定制化的解決方案，比如專用晶片，可以更快、更節能地完成特定任務，但更多時候，人們還是更喜歡使用低成本、便捷的通用電腦。

與電腦的發展類似，今天，人工智慧也正在從 ANI 向 AGI 發展，與 ANI 只能執行單一任務不同，AGI 是指在不特別編碼知識與應用區域的情況下，應對多種甚至泛化問題的人工智慧技術。雖然從直覺上看，ANI 與 AGI 是同一類東西，只是一種不太成熟和複雜的實現，但事實並非如此。AGI 將擁有在事務中推理、計畫、解決問題、抽象思

考、理解複雜思想、快速學習和從經驗中學習的能力,能夠像人類一樣輕鬆地完成所有這些事情。

當然,AGI 並非全知全能。與任何其他智慧存在一樣,根據它所要解決的問題,它需要學習不同的知識內容。比如,負責尋找致癌基因的 AI 演算法不需要識別面部的能力;而當同一個演算法被要求在一大群人中找出十幾張臉時,它則不需要瞭解有關基因的知識。通用人工智慧的實現僅僅意謂著單個演算法可以做多件事情,而並不意謂著它可以同時做所有的事情。

但 AGI 又與 ASI 不同。ASI 不僅要具備人類的某些能力,還要有知覺,有自我意識,可以獨立思考並解決問題。雖然兩個概念看起來都對應著人工智慧解決問題的能力,但 AGI 更像是無所不能的電腦,而 ASI 則超越了技術的屬性成為類似穿著鋼鐵人動力服的人類。

從 ANI、AGI 和 ASI 的定義來看,我們會發現,大型語言模型如今已經具有了一定的通用性。以 ChatGPT 為例,ChatGPT 被訓練來回答各種類型的問題,並且能夠適用於多種應用場景,可以同時完成多個任務。我們只要用日常的自然語言向它提問,不管是什麼問題和要求,它就可以完成從理解到生成的各種跟語言相關的任務。除了一般的聊天交談、回答問題、介紹知識外,ChatGPT 還能夠撰寫郵件、文案、影片腳本、文章摘要、程式碼和進行翻譯,等等。並且,其性能在開放領域已經達到了不輸於人類的水準,在多工上甚至超過了針對特定任務單獨設計的模型。這意謂著它可以更像一個通用的任務助理,能夠和不同行業結合,衍生出很多應用的場景。

當然,除了 OpenAI 的 ChatGPT 外,Google 的 Gemini、Meta 的 Llama 系列等也都具備了通用 AI 的特性。這讓我們看到,今天,大型語言模

型已經呈現出以自然語言為對話模式的通用 AI 的雛形，並成為一塊走向通用 AI 的可靠的基石。

不僅如此，Google 還發佈了開源模型 Gemma，Meta 也開源了 Llama 系列，OpenAI 則開放了 ChatGPT API 和微調功能，這讓人人都可以使用通用 AI 模型成為了現實。要知道，開發一個 AI 系統需要龐大的團隊和大量的資源，包括資料、運算能力和專業知識等。但是，有了開源模型，以及微調功能的開放，人們可以直接使用大型語言模型來建構自己的 AI 應用，而無需從零開始搭建模型和基礎設施。這降低了開發門檻，使得更多人可以參與到 AI 應用的開發中來。人們只要透過 API 介面就可以輕鬆地獲得大型語言模型的能力，並應用於各種任務和場景中，包括問答系統、對話生成、文本生成等，這使得通用人工智慧不再是遙不可及的概念，而是每個人都可以使用的工具。

這就類似於電腦的作業系統一樣，電腦的作業系統是電腦的核心部分，在資源管理、處理序管理、檔案管理等方面都發揮了非常重要的作用。在資源管理上，作業系統負責管理電腦的硬體資源，如記憶體、處理器、磁片等。它分配和管理這些資源，使得多個程式可以共用資源並且高效地運行。在處理序管理上，作業系統管理電腦上運行的程式，控制它們的執行順序和分配資源，它還維護程式之間的通訊，以及處理常式間的併發問題。檔案管理方面，作業系統則提供了一組標準的檔案系統，可以方便使用者管理和儲存檔案。

Windows 作業系統和 iOS 作業系統是目前兩種主流的作業系統，而開源模型以及微調功能的開放，也為 AI 應用提供了技術底座。這樣一來，開發者們就能基於大型語言模型來做一些二次應用。也就是說，開發者們可以在開源平台上建構符合自己要求的各種應用系統，使之成

為更加稱職的辦公助理、智慧客服、外語譯員、家庭醫生、文案寫手、私人律師、面試考官、旅遊嚮導、創意作家、財經分析師等等 —— 這也為通用人工智慧的誕生以及由此對有關產業格局的重塑、新的服務模式和商業價值的創造，開拓了無限的想像空間。

展望未來，隨著時間的推進，在大型語言模型時代裡，我們不僅將見證它們在特定任務上的卓越表現，更可以預期大型語言模型將如何全面滲透到各行各業中，推動整個社會的智慧化升級。更重要的是，隨著大型語言模型的不斷迭代與進化，我們還將步入一個真正的通用人工智慧時代，一個智慧化、高效化、個性化的全新時代。

OpenAI：
勝者為王

2.1 OpenAI 發家史

從 2022 年底發佈 ChatGPT，2023 年 3 月推出 GPT4，到 2024 年初公佈 Sora，不到兩年時間，OpenAI 就已經成為了 AI 領域炙手可熱的科技新貴。實際上，在 ChatGPT 問世前，OpenAI，還是一家虧損中的公司。2022 年該公司淨虧損 5.4 億美元，但 ChatGPT 的爆紅卻一下子打破了 OpenAI 虧損的僵局，而展現出極大的商業化潛力。

2.1.1 非營利組織 OpenAI

其實，今天的全球獨角獸 OpenAI 在一開始只是一個非營利性的組織。而 OpenAI 的由來，本身也是一個戲劇性的故事。

2014 年，Google 以 6 億美元收購了 DeepMind，考慮到 Google 的 DeepMind 是首家最有可能率先開發通用人工智慧的公司，馬斯克（Elon Musk）曾說，如果人類開發的人工智慧產生了些偏差，將會出現一個永生的、超級強大的獨裁者。一點點的性格缺陷，就可能讓它的第一步行動變成殺掉所有的人工智慧研究者。也就是說，如果 DeepMind 成功了，可能會用極端手段來壟斷這項無所不能的技術。因此，馬斯克等人認為需要組建一個與 Google 競爭的實驗室，以確保這種情況不會發生。而這個與 Google 競爭的實驗室，就是後來的非盈利組織 OpenAI。

2015 年 12 月，OpenAI 在舊金山成立，募集了 10 億美元資金，主要贊助者有特斯拉的創始人馬斯克，還有全球線上支付平台 PayPal

的聯合創始人彼得‧蒂爾、Linkedin 的創始人里德‧霍夫曼、YC 總裁
奧特曼（Sam Altman）、Stripe 的 CTO 布羅克曼（Greg Brockman）、
Y Combinator 聯合創始人 Jessica Livingston；還有一些機構，比如 YC
Research，Altman 創立的基金會、印度 IT 外包公司 Infosys 等。

　　而 OpenAI 成立的使命就是實現通用人工智慧，打造一個能夠像人
的心智那樣，具有學習和推理能力的機器系統。成立以來，OpenAI 也
一直從事 AI 基礎研究，實際上，在 ChatGPT 誕生之前，很多人可能都
沒聽說過這個公司。

　　然而，很快，OpenAI 的創立者們就發現，單有想要造福人類的理
想遠遠不夠 —— 保持非營利性質無法維持組織的正常運營，因為一旦
進行科學研究研究，要取得突破，所需要消耗的計算資源每 3 ～ 4 個
月要翻一倍，這就要求在資金上對這種指數增長進行匹配，而 OpenAI
當時的非盈利性質限制也很明顯，還遠遠沒達到自我造血的程度。

　　燒錢的問題同時也在 DeepMind 身上得到驗證。在當年被 Google
收購以後，DeepMind 短期內並沒有為 Google 帶來盈利，反而每年要
燒掉 Google 幾億美元，2016 年虧損為 1.27 億英鎊，2017 年虧損為
2.8 億英鎊，2018 年的虧損則高達 4.7 億英鎊，燒錢的速度每年同比遞
增。或許是這一理念上的衝突，Musk 在 2018 年 2 月辭去了 OpenAI 的
董事會職務，當時宣稱是避免和特斯拉的經營產生衝突，並繼續為這家
非盈利機構捐款並擔任顧問。

　　為解決資金的問題，2019 年 3 月，Sam Altman 卸任 YC 總裁轉為
董事長，同時出任 OpenAI 的 CEO，將更多精力集中在 Open AI。在
Altman 的推動下，OpenAI 搭建了一個較為特殊的股權架構，即有盈利
上限的有限合夥企業（OpenAI LP）。OpenAI 董事會負責整個有限合夥

企業的管理和運營，以及 CEO 的任命與罷免，LP 則主要包括投資人，其回報都有設定上限。從這個時間節點開始，OpenAI 這個詞被官方定義為特指「OpenAI LP」，即 OpenAI 的盈利實體，而非原先的非盈利實體「OpenAI Nonprofit」，後者法定名 OpenAI Inc。

根據 OpenAI 在 2019 年 3 月的聲明，如果 OpenAI 能夠成功完成其使命 —— 確保通用人工智慧 AGI 造福全人類，那麼投資者和員工可以獲得由上限的回報，這個新的投資框架下，第一輪的投資者回報上限被設計為不超過 100 倍，往後輪次的回報將會更低。這是一種不同尋常的結構，將投資者的回報限制在其初始投資的數倍。並且，OpenAI 受到非營利實體 OpenAI Inc 董事會監督，以此解決對計算、資金以及人才的需求，任何超額回報將捐給 OpenAI 的非營利實體所有。

值得肯定的是，建立這種結構是為了確保技術進步不會受到過度商業化的威脅，也提供了員工和投資人合理的回報機制。與此同時，OpenAI Inc 的非營利組織形式保留了對於推動 AGI 研究的許諾，透過利潤分紅的方式進行資金回流。OpenAI 的治理模式本是理想的，強調了對技術發展的監督，以確保符合安全和廣泛受益的原則。透過整合商業機制和社會影響力，OpenAI 試圖在探索人工通用智慧的前沿，同時致力於實現他們對社會的承諾。

2.1.2　接受投資，攜手微軟

2019 年 7 月，重組後的 OpenAI 新公司獲得了微軟的 10 億美元投資。從這時候起，OpenAI 就告別了單打獨鬥，也是從這時候起，OpenAI 開始和微軟進行綁定，到今天，微軟除了完成於 2019 年對 OpenAI 承諾的 10 億美元投資，還完成了 2021 年對 OpenAI 承諾的投資。

實際上，資金投入僅是微軟和 OpenAI 合作的第一層，而微軟和 OpenAI 的合作也是一場雙贏的合作。

一方面，OpenAI 亟需運算能力投入和商業化背書。為拉動微軟入局，Sam Altman 做了不少努力。在接管 OpenAI LP 後，Altman 多次飛往西雅圖與微軟 CEO Satya Nadella 進行交談。另一方面，作為 Google 的直接競爭對手，在 Google 不斷加碼 AI 的同時，微軟的 AI 技術商業化應用方面卻日漸式微，尤其是 2016 年推出 Tay 聊天機器人受挫後，微軟在 AI 技術商業化應用方面以及基礎研究層面都尚無具備廣泛影響力的產出，亟需尋求技術突破，以重獲 AI 競爭力。

2019 年，微軟首次注資 OpenAI 後，根據 Altman 描述，這筆資金將用來加速 AGI 的開發與商業化，同時 OpenAI 將把微軟的 Azure 作為其獨家雲端運算供應商，雙方　同開發新的技術與功能。有報導指出，OpenAI 每年在微軟雲端服務上模型訓練花費約為 7000 萬美元，構成了微軟向 OpenAI 投資的重要部分。這是個雙贏的合作，微軟成為 OpenAI 技術商業化的「首選合作夥伴」，未來可獲得 OpenAI 的技術成果的獨家授權，而 OpanAI 則可藉助微軟的 Azure 雲端服務平台解決商業化問題，緩解高昂的成本壓力。

有了微軟雲的加持，OpenAI 編碼運算能力和實力日漸增長，第一個突破性成果 GPT-3 隨之於 2020 年問世。同年，微軟買斷了 GPT-3 基礎技術的獨家許可，並獲得了技術整合的優先授權，將 GPT-3 用於 Office、搜尋引擎 Bing 和設計應用程式 Microsoft design 等產品中，以優化現有工具，改進產品功能。

2021 年微軟再次投資，這一次，微軟作為 OpenAI 的獨家雲提供商，在 Azure 中集中部署 OpenAI 開發的 GPT、DALLE、Codex 等各類

工具。這也形成了 OpenAI 最早的收入來源 —— 透過 Azure 向企業提供付費 API 和 AI 工具。與此同時，擁有 OpenAI 新技術商業化授權，微軟開始將 OpenAI 工具與自有產品進行深度整合，並推出相應產品。比如，2021 年 6 月基於 Codex，微軟聯合 OpenAI、GitHub 推出了 AI 程式碼補全工具 GitHub Copilot。該產品於次年 6 月正式上線，以月付費 10 美元或年付費 100 美元的形式提供服務。

2023 年，隨著 ChatGPT 的爆發，OpenAI 與微軟再次宣佈擴大合作，據 The information 報導，微軟將向 OpenAI 投資高達 100 億美元，作為回報，在 OpenAI 的第一批投資者收回初始資本後，微軟將有權獲得 OpenAI 75% 的利潤，直到它收回其投資的 130 億美元。

除了微軟外，OpenAI 還吸引了多家科技公司和投資者的資金支持。比如，2023 年 4 月，包括 Thrive Capital、紅杉資本、Andreessen Horowitz 和 K2 Global 在內的多家風險投資公司也參與了 OpenAI 的新股收購，推動了其估值的快速增長。

2.1.3　OpenAI 的變現能力

當然，OpenAI 巨大的投資收益背後也是伴隨著巨大的風險，以及十年磨一劍的執著，曾經就連馬斯克都在半途中放棄而退出。而在以 ChatGPT 為代表的大型語言模型引爆了人類社會之後，OpenAI 的收入管道也開始豐富化，其投資版圖的前瞻性，確實讓 OpenAI 具有高估值的實力。

在今天，OpenAI 的潛在商業模式甚至很難找到直接的比較物件，因為它同時包含了很多東西：訂閱費、API，以及平台，更重要的是基於 AGI，也就是通用人工智慧所帶來的無限想像力。

從訂閱費來看，2023 年 2 月，OpenAI 公司宣佈推出付費試點訂閱計畫 ChatGPT Plus，定價每月 20 美元。付費版功能包括高峰時段免排隊、快速回應以及優先獲得新功能和改進等。而僅僅是訂閱費，都將是 OpenAI 一筆可觀的收入。因為，ChatGPT 僅用 2 個月時間，就達到了 1 億月活躍使用者量的驚人數字。如果用最低的收費標準來看，假設有 10% 的人願意付費使用，就已經給 OpenAI 帶來了 24 億美元的潛在年收入了。

從 API 來看，在 OpenAI 未開放 API 之前，人們雖然能夠與 ChatGPT 進行交流，但卻不能基於 ChatGPT 進一步開發應用。2023 年 3 月 1 日，OpenAI 官方則宣佈，開發者可以透過 API 將 ChatGPT 和 Whisper 模型整合到他們的應用程式和產品中。5 個月後，8 月 23 日，OpenAI 進一步推出 GPT-3.5 Turbo 微調功能並更新 API，使企業、開發人員可以使用自己的資料，結合業務案例建構專屬 ChatGPT。

今天，圍繞著 OpenAI 的 API 已經出現了許多新產品，許多現有產品也在圍繞著 OpenAI 的 API 進行重構。與大多數提供非核心功能的 API 不同，OpenAI 的 API 是許多此類產品體驗的核心。有了 OpenAI 的 API，就意謂著寫幾行程式，你的產品就可以做很多非常聰明的人能會做的事情，比如當客服、科學研究、發現藥物配方或輔導學生等。

從短期來看，這對產品開發者來說是件好事，因為他們會獲得更多的功能以及更多的用戶，而從 OpenAI 的角度來看，幾乎所有開發者都需要依賴 OpenAI 來實現其核心功能，這也意謂著 OpenAI 不僅能得到一筆不菲的 API 許可費，還無條件地獲得了更多的注意力、覆蓋面以及影響力。因為任何產品，不管是大公司還是小公司的產品，本質上都變成了 OpenAI 的用戶。

不論是推出會員訂閱，還是更新 API，這些都是 GPT 商業化的必然模式。當然，這也是所有網際網路企業的常規模式。從這個角度來看，OpenAI 的商業化之路，依然是網際網路的傳統模式，但 GPT Store 卻為 OpenAI 帶來了新的可能 —— GPT Store 透過開發者的收入分成，再加上流量的反哺，不僅壯大了自己的生態，擴張了商業化的路徑，還斷了「中間商賺差價」的路。

據 OpenAI 官方聲明，其社群成員已經構建了數百萬萬個 GPT，並已批准了其中一系列 GPT 在 GPT Store 中供下載。為了進一步鼓勵大家的創作積極性，OpenAI 預備在 2024 年第一季度推出「GPT 構建者收入計畫」。另外從如今發佈的 GPT 來看，每個應用後面都附有創作者自身的連結，使用者點擊即可跳轉。簡單來說，GPT Store 是支援用戶向外部引流的。在同類產品中，似乎也只有 GPTs 允許創作者導流回自己的平台。如果能反向透過 GPT 來獲得流量，那麼有意願創建 GPT 並分享的創作者顯然會更多。特別是對於那些手握業務和垂直領域資料的人來說，這一點也許會成為關鍵的考量因素。

從非營利組織到全球獨角獸，據摩根士丹利 Edward Stanley 分析師團隊最新估計，到 2024 年底，OpenAI 估值將達到 1000 億美元。摩根士丹利表示，雖然 1000 億美元估值大關正成為獨角獸越來越容易實現的目標，但目前還沒有人工智慧公司能趕上 OpenAI 的速度。

2.2 | 一馬當先的 **GPT** 系列

無論承認與否，OpenAI 都確實引領了整個大型語言模型行業的發展，OpenAI 旗下的 GPT 系列大型語言模型更是一馬當先。從 GPT-1 開始，到後續的迭代升級，每一步的進化都顯著提升了模型的處理能力和應用範圍。ChatGPT 及其後續版本的推出，更是在智慧化程度上實現了飛躍，能夠執行包括文本生成、對話模擬、程式碼編寫等多樣的任務，其表現力和適應性遠超之前的模型。

2.2.1 從 **GPT-1** 到 **GPT3.5**

我們已經知道，Google 在 2017 年，首次提出了 Transformer 模型，它摒棄了之前流行的迴圈神經網路（RNN）和卷積神經網路（CNN）的模式，採用了基於注意力機制的結構。這種結構使得模型能夠在處理序列資料時，更有效地捕捉長距離依賴關係，而且計算效率更高。

OpenAI 正是基於 Transformer 的基本架構，推出了生成式預訓練 Transformer（GPT）模型。GPT 模型的核心在於，它採用了預訓練加微調的策略。在預訓練階段，模型在大規模的文本資料上無監督學習，透過預測文本中下一個單詞的方式來訓練。這一階段模型學習到了豐富的語言知識和世界知識。在隨後的微調階段，模型則根據特定任務的少量標注資料進行調整，以優化其在該任務上的表現。

GPT-1 是 GPT 系列大型語言模型的第一個版本，展示了預訓練和微調策略的有效性，尤其是在語言模型和閱讀理解任務上。GPT-1 的設

計理念是透過大量閱讀網際網路上的文本來「學習」語言。與傳統的需要大量標注資料的判別式模型不同，GPT-1 透過預訓練的方式，讓模型在一個廣泛的文本基礎上建立起語言的理解，然後透過微調，使其能夠適應特定的應用任務。這種訓練方式極大地降低了對標注資料的依賴，使模型能夠靈活應用於各種語言處理任務。

GPT-2 是在 GPT 基礎上的一個重要進化，它增強了模型處理多樣性任務的能力。與 GPT 不同，GPT-2 放棄了在特定任務上的有監督微調，轉而使用更多的資料和更深的模型結構來進一步提高模型的通用性和自我調整能力。例如，GPT-2 透過學習從網頁收集的大規模資料集，提升了其理解和生成語言的能力，這種模型不再依賴於特定任務的微調，可以更廣泛地適應各種未見過的任務。

到了 GPT-3，這種模型的能力達到了一個新的高度。GPT-3 的設計目標是進一步減少對微調的依賴，透過在更大規模的資料集上進行預訓練，達到了前所未有的泛化能力 —— GPT-3 擁有 1750 億個參數，這是之前模型的十倍以上，它在處理語言任務時的表現難以與人類區分。GPT-3 還在多個任務上表現出色，包括但不限於翻譯、內容生成、邏輯推理等。更重要的是，GPT-3 能夠進行所謂的「少量樣本學習」即在僅僅看到幾個例子後，就能迅速適應新任務，這種能力顯示了 GPT-3 在無需大量特定資料支援下，仍能保持強大性能的潛力。

以 GPT-3 為基礎，OpenAI 進一步推出了 InstructGPT 模型，也就是 GPT-3.5。InstructGPT 的核心在於更加精準地理解和回應用戶的意圖，這一點對於大型語言模型的實際應用至關重要。因為儘管這些模型在資料處理和生成上有著卓越的能力，但它們往往還是會生成與使用者期望不符的內容，比如不真實、有毒或無用的資訊。OpenAI 採用了一種稱

為「強化學習」（RLHF）的方法來訓練 InstructGPT。這種方法實質上是透過收集人類對模型輸出的回饋來訓練一個獎勵模型，這個獎勵模型隨後用來指導語言模型的訓練。這樣的訓練策略使得 InstructGPT 能夠更好地理解人類的指令和期望，從而生成更加符合用戶意圖的回答。這種以人為導向的訓練方法不僅提高了模型的實用性，而且降低了生成不良內容的風險。

ChatGPT 則是基於 InstructGPT 進一步開發的，它專門針對聊天應用進行了優化。與 GPT-3 相比，ChatGPT 更加擅長於理解和生成符合人類對話邏輯的文本。GPT-3 雖然儲存了巨量的知識，但在如何有效調用這些知識以應對特定情境的問題上，它還做得不夠好。而 ChatGPT 則顯著改善了這一點，它不僅能夠儲存知識，更能智慧地根據對話內容提取並運用這些資訊，以更自然和準確的方式與使用者進行交流。

這種基於人類回饋進行優化的模型訓練方式為 ChatGPT 帶來了明顯的優勢。透過分析使用者的回饋，模型學習如何更好地滿足用戶的具體需求，從而在實際應用中更加精準地執行任務。這不僅提升了使用者體驗，也為模型的廣泛應用開闢了新的可能性。

2.2.2　更強大的 GPT 版本

ChatGPT 開啟了人工智慧發展的新時代，當然，ChatGPT 的開發者們不會止步於此 —— ChatGPT 爆紅後，所有人都在討論，人工智慧下一步會往哪個方向發展。人們並沒有等太久，在 ChatGPT 發佈三個月後，OpenAI 就正式推出了新品 GPT-4。

其中，圖像識別、更強的邏輯推理、龐大的單詞掌握能力，是 GPT-4 的三大特點。

就圖像識別功能來說，GPT-4 可以分析圖像並提供相關資訊，必然它可以根據食材照片來推薦食譜，為圖片生成圖像描述和圖註等。

就邏輯推理功能來說，GPT-4 能夠針對 3 個人的不同情況做出一個會議的時間安排，回答存在上下文關聯性的複雜問題。再比如，你問，圖片裡的繩子剪斷會發生什麼。它答，氣球會飛走。GPT-4 甚至可以講出一些品質不怎麼樣、模式化的冷笑話。雖然並不好笑，但至少，它已經開始理解「幽默」這一人類特質，要知道，AI 的推理能力，正是 AI 向人類思維慢慢進化的標誌。

就詞彙量來說，GPT-4 能夠處理 2.5 萬個單詞，GPT-4 在單詞處理能力上是 ChatGPT 的八倍，並可以用所有流行的程式設計語言寫程式碼。

其實，在隨意談話中，ChatGPT 和 GPT-4 之間的區別是很微妙的。但在當任務的複雜性達到足夠的閾值時，差異就出現了，GPT-4 比 ChatGPT 更可靠、更有創意，並且能夠處理更細微的指令。

並且，GPT-4 還能以高分通過各種標準化考試：GPT-4 在模擬律師考試中的成績超出 90% 的人類考生，在俗稱「美國大學入學考試」的 SA 閱讀考試中超出 93% 的人類考生，在 SAT 數學考試中超出 89% 的人類考生。

而同樣面對律師資格考試，ChatGPT 背後的 GPT-3.5 排名在倒數 10% 左右，而 GPT-4 考到了前 10% 左右。在 OpenAI 的演示中，GPT-4 還生成了關於複雜稅務查詢的答案，儘管無法驗證其答案。在美國，每個州的律師考試都不一樣，但一般包括選擇題和作文兩部分，涉及合約、刑法、家庭法等知識。GPT-4 參加的律師考試，對於人類來說即艱苦又漫長，而 GPT-4 卻能在專業律師考試中脫穎而出。

此外，2023 年 11 月 7 日，在 OpenAI 首屆開發者大會上，Sam Altman 還宣佈了 GPT-4 的大升級，推出了 GPT-4 Turbo，GPT4-Turbo 的「更強大」體現在六個方面，包括：上下文長度提升、模型控制、更好的知識、新的多模態能力、模型自訂能力及更低的價格、更高的使用上限。

其中，對於使用者體驗來說，上下文長度的增加，更好的知識和新的多模態能力是最核心的體驗改善。特別是上下文長度升級，這在過往是 GPT-4 的一個軟肋。它會決定與模型對話過程中能接收和記住的文本長度。如果上下文長度限制較小，面對比較長的文本或長期的對話，模型就會經常「忘記」最近對話的內容，並開始偏離主題。GPT-4 基礎版本僅提供了 8k token（字元）的上下文記憶能力，即便是 OpenAI 提供的 GPT-4 擴容版本也僅僅能達到 32k token，相比於主要競品 Anthropic 旗下 Claude 2 提供 100k token 的能力差距明顯。這使得 GPT4 在做文章總結等需要長文本輸入的操作時常常力不從心。而 GPT-4 Turbo 直接將上下文長度提升至 128k，是 GPT-4 擴容版本的 4 倍，一舉超過了競爭對手 Anthropic 的 100k 上下文長度。128k 的上下文大概是什麼概念？大概約等於 300 頁標準大小的書所涵蓋的文字量。除了能夠容納更長篇幅的文章外，Altman 還表示，新模型還能夠在更長的上下文中，保持更連貫和準確。

就模型控制而言，GPT4-Turbo 為開發者提供了幾項更強的控制手段，以更好地進行 API 和函式呼叫。具體來看，新模型提供了一個 JSON Mode，可以保證模型以特定 JSON 方式提供回答，調用 API 時也更加方便。另外，新模型還允許同時調用多個函數，同時引入了 seed parameter，在需要的時候，可以確保模型能夠返回固定輸出。

從知識更新來看，GPT4-Turbo 把知識庫更新到了 2023 年 4 月，不再讓用戶停留在 2 年前的過去了。最初版本的 GPT-4 的網路即時資訊調用只能到 2021 年 9 月。雖然隨著後續外掛程式的開放，GPT4 也可以獲得最新發生的事件知識。但相較於融合在模型訓練裡的知識而言，這類附加資訊因為調用外掛程式耗時久，缺乏內生相關知識的原因，效果並不理想。而現在，人們已經可以從 GPT-4 上獲得截止到 2023 年 4 月前的新資訊。

GPT4-Turbo 還具備了更強的多模態能力，新模型支援了 OpenAI 的視覺模型 DALL · E 3，還支援了新的文本到語音模型 —— 開發者可以從六種預設聲音中選擇所需的聲音。現在，GPT-4 Turbo 可以以圖生圖了。同時，在圖像問題上，OpenAI 推出了防止濫用的安全系統。OpenAI 還表示，它將為所有客戶提供牽涉到的版權問題的法律費用。在語音系統中，OpenAI 表示，目前的語音模型遠超市場上的同類，並宣佈了開源語音辨識模型 Whisper V3。

2.2.3　從 GPT-4 到 GPT-4o

GPT-4 是人工智慧技術的一個重要節點，代表著人類朝著通用 AI 時代大步前進。而在 GPT-4 之後發佈的 GPT-4o，則進一步拓展了這些能力。

2024 年 5 月 13 日，OpenAI 開了一個簡短的發佈會，沒有豪華的劇場，沒有提前製作影片和動畫，卻再一次震驚全場。這一次，OpenAI 發佈的正是首款端到端的多模態大型語言模型 —— GPT-4o。

儘管從名字上看，GPT-4o 似乎是 GPT-4 系列的延續，但實際上，GPT-4o 與 GPT-4 的差別可不是一星半點。GPT-4o 中的「o」代表拉丁

文的「omni」，是「全能」的意思。簡單來說，GPT-4o 是一個同時具備文本、圖片、影片和語音方面的能力的大型語言模型，換言之，GPT-4o 是一款真正的多模態大型語言模型，可以「即時對音訊、視覺和文本進行推理」。

當然，在 GPT-4o 之前更新的 GPT-4 其實也具有一定的多模態能力，比如可以輸入圖片、輸出圖片、上傳檔案等等，包括 ChatGPT 的手機 App 版本也能輸入語音。但與此不同，GPT-4o 的多模態，是真正的多模態，不僅即時回應，反應迅速，而且更加自然，更加真實，也更加「像人」。

就拿語音交流來說，GPT-4o 之前，我們雖然可以使用語音模式與 GPT 對話。但是，GPT 的平均延遲為 2.8 秒（GPT-3.5）和 5.4 秒（GPT-4）。究其原因，GPT 採用的語音模式，需要經過三個步驟，第一步是把人類的語音，透過 Whisper 語音辨識模型轉成文字；接著，轉好的文字再傳給 GPT 模型；最後得到的回答再透過一個簡單的模型轉成語音。這也意謂著 GPT 丟失了大量資訊，因為它無法直接觀察音調、多個說話者或背景雜音，也無法輸出笑聲、歌唱或表達情感。

但此次的 GPT-4o，則達成了跨文本、視覺和音訊端到端地訓練了一個新模型，這意謂著所有輸入和輸出都由同一神經網路處理。這意謂著，GPT-4o 完全可以透過你的語氣，觀察你的表情，甚至聆聽你的驚叫，來理解你當下的心情，你想要什麼，並且給予非常人性化的回應，就像電影《Her》那位具有磁性嗓音、複雜多變的 AI 那樣。

不僅如此，在拋棄了在不同模型中傳遞資訊的步驟之後，GPT-4o 的反應變得非常快，語音交流的回應時間從之前的 2 到 3 秒提升到了 0.2-0.3 秒。在發佈會的演示中，當簡報者提問結束後，GPT-4o 幾乎可

以做到即時回應，沒有停頓。答案生成後，GPT-4o 能夠立馬將文本轉語音，進行朗讀。

到這裡，相信大家已經理解了這個新模型的強大之處，GPT-4o 的誕生，標誌著大型語言模型在向類人化方向邁出的重要一步。GPT-4o 不僅是 GPT-5 的預演版本，更是一個能夠使用文本、語音和視覺進行全面交互的數位助理的雛形。它可以查看使用者上傳的螢幕截圖、照片、文件或圖表，並與使用者進行對話，為使用者提供詳細的解答和建議。

GPT-4o 的誕生帶來了無限的可能性。想像一下，未來的家庭中，GPT-4o 可以成為一個真正的家庭助理，能夠理解每個家庭成員的需求和情感，並提供貼心的服務。在工作場所，GPT-4o 可以幫助員工處理複雜的資料分析、撰寫報告、甚至參與會議討論，極大地提高工作效率。在醫療領域，GPT-4o 可以協助醫生進行診斷、提供個性化的健康建議，並與患者進行情感交流，減輕患者的焦慮和壓力。從 GPT-4 到 GPT-4o，一個能夠查看使用者上傳的螢幕截圖、照片、文件或圖表，並進行對話的貼心管家，正在加速而來。

2.2.4 GPT-5 即將到來

自從 GPT-4 發佈後，關於下一代更先進的 GPT 模型，也就是 GPT-5 也受到了更多的關注。

2023 年 6 月，Altman 曾表示，GPT-5 距離準備好訓練還有很長的路要走，還有很多工作要做。他補充說明，OpenAI 正在研究新的想法，但他們還沒有準備好開始研究 GPT-5。就連微軟創始人比爾蓋茲預計，GPT-5 不會比 GPT-4 提供重大的性能改進。

　　然而，到了 9 月，DeepMind 聯合創始人、現 Inflection AI 的 CEO Mustafa Suleyman，在接受採訪時卻放出一枚重磅炸彈 —— 據他猜測，OpenAI 正在秘密訓練 GPT-5。Suleyman 認為，Altman 說過他們沒有訓練 GPT-5，可能沒有說實話。同月，外媒 The Information 爆料，一款名為 Gobi 的全新多模態大型語言模型，已經在緊鑼密鼓地籌備了。跟 GPT-4 不同，Gobi 從一開始就是按多模態模型構建的。這樣看來，Gobi 模型不管是不是 GPT-5，但從多方洩露的資訊來看，它都是 OpenAI 團隊正在著手研究的專案之一。

　　11 月，在 X（推特）上，Roemmele 再爆猛料，OpenAI Gobi，也就是 GPT-5 多模態模型將在 2024 年年初震撼發佈。

　　根據 Roemmele 的說法，目前 Gobi 正在一個龐大的資料集上進行訓練。不僅支援文本、圖像，還將支援影片。有網友在這條發文下評論，「OpenAI 內部員工稱下一代模型已經實現了真的 AGI，你聽說過這件事嗎？」Roemmele 稱，「GPT-5 已經會自我糾正，並且具有一定程度的自我意識。我認識的熟人已經看過它的演示，目前，7 個政府機構正在測試最新模型。」

　　12 月底，Altman 在社交平台公佈了 OpenAI 在 2024 年要實現的計畫：包括 GPT-5，更好的語音模型、影片模型、推理能力，更高的費率限制等。此外還包括更好的 GPTs、對喚醒 / 行為程度的控制、個性化、更好地瀏覽、開源等等。

　　Altman 在採訪中還表示，GPT-5 的智慧提升將帶來全新的可能性，超越了我們之前的想像。GPT-5 不僅僅是一次性能的提升，更是新生能力的湧現。

　　儘管目前 GPT-5 還沒有正式發佈，但可以確定的是，GPT-5 將會成為比 GPT-4 更強大的存在，特別是在智慧水準的升級上。因為以 GPT 為代表的 AI 大型語言模型，最可怕的地方就在於 —— 它的進化是近乎指數級的。本質上，它就是一台強大無比 24 小時，一秒也不停止的超強學習機器。而這樣能力特徵，是人類完全沒有辦法達到的，人類被肉體所束縛，有無數的短處，在智力進化的路徑上，只能像蝸牛這樣走，人類進步或演化的速度，是以年、百年、千年為單位的。這與 GPT 截然不同，GPT 的進步速度是以秒、毫秒、飛秒，為演化進步的時間單位的，即使在人類看來最複雜的事物，它的學習反應的時間單位，最多也就是以小時為進化單位的。

　　因此，可以預期，作為一次重要的升級，GPT-5 的智慧水準不僅會得到提升，還將在多個領域展現出指數級的改進。正如之前的 ChatGPT、GPT-4 一樣，GPT-5 人工智慧將會是通用的，而這正是它們如此神奇的地方。換言之，GPT-5 不是針對特定任務的提升，而是在整體上變得更為智慧，這也會推動人工智慧在各個領域都變得更加出色。比如，在醫療保健領域，AI 的更高智慧將使得診斷和治療建議變得更加可靠，從而為醫療行業帶來巨大的變革。它還可能在法律服務和自動駕駛等安全關鍵領域發揮重要作用。因此，GPT-5 的提升將有望為全球各個行業帶來應用，這也正是 Sam Altman 所強調的。

　　可以期待的是，GPT-5 的到來將成為科技領域又一次巨大的飛躍，這將使得人工智慧變得更加強大、可靠，並在各個領域帶來革命性的變化，推動人類社會邁向一個更加智慧、創新的未來。

2.2.5 技術奇點的前夜

在數學中，「奇點（singularity）」被用於描述正常的規則不再適用的類似漸近線的情況。在物理學中，奇點則被用來描述一種現象，比如一個無限小、緻密的黑洞，或者我們在大爆炸之前都被擠壓到的那個臨界點，同樣是通常的規則不再適用的情況。

1993 年，弗諾‧文格（Vernor Vinge）寫了一篇著名的文章，他將這個詞用於未來我們的智慧技術超過我們自己的那一刻 —— 對他來說，在那一刻之後，我們所有的生活將被永遠改變，正常規則將不再適用。如今，隨著 ChatGPT 的爆發、GPT-4 等 AI 大型語言模型的相繼誕生，我們已經站在了技術奇點的前夜。

從人工智慧技術角度來看，人工智慧最大的特點就在於，它不僅僅是網際網路領域的一次變革，也不屬於某一特定行業的顛覆性技術，而是作為一項通用技術成為支撐整個產業結構和經濟生態變遷的重要工具之一，它的能量可以投射在幾乎所有行業領域中，促進其產業形式轉換，為全球經濟增長和發展提供新的動能。自古及今，從來沒有哪項技術能夠像人工智慧一樣引發人類無限的暢想。

由於人工智慧不是一項單一技術，其涵蓋面及其廣泛，而「智慧」二字所代表的意義又幾乎可以代替所有的人類活動，即使是僅僅停留在人工層面的智慧技術，人工智慧可以做的事情也大幅超過人們的想像。

在 ChatGPT 爆發之前，人工智慧就已經覆蓋了我們生活的各個方面，從垃圾郵件篩檢程式到叫車軟體，日常打開的新聞是人工智慧做出的演算法推薦，網上購物，首頁上顯示的是人工智慧推薦使用者最有可能感興趣、最有可能購買的商品，包括操作越來越簡化的自動駕駛交通

工具、再到日常生活中的面部識別上下班打卡制度等等，有的我們深有所感，有的則悄無聲息浸潤在社會運轉的瑣碎日常中。而 ChatGPT 的到來與爆發，卻將人工智慧推向了一個真正的應用快車道上。

李開復曾經提過一個觀點 —— 思考不超過 5 秒的工作，在未來一定會被人工智慧取代。現在來看，在某些領域，ChatGPT 和 GPT-4 就已遠遠超過「思考 5 秒」這個標準了，並且，隨著它的持續進化，加上它強大的機器學習能力，以及在於我們人類互動過程中的快速學習與進化。在我們人類社會所有有規律與有規則的工作領域中，取代與超越我們人類只是時間問題。

在今天，我們每個人都能感受到，人類的進步正在隨著時間的推移越來越快 —— 這就是未來學家雷‧庫茲韋爾（Ray Kurzweil）所說的人類歷史的加速回報法則（Law of Accelerating Returns）。發生這種情況是因為更先進的社會有能力以比欠發展的社會更快的進步，因為它們更先進。19 世紀的人類比 15 世紀的人類知道得更多，技術也更好，因此，19 世紀的人類比 15 世紀取得的進步要大得多。

1985 年上映了一部電影 ——《回到未來》。在這部電影裡，「過去」發生在 1955 年。在電影中，當 1985 年的邁克爾‧福克斯回到 30 年前，也就是 1955 年時，電視的新奇、蘇打水的價格、刺耳的電吉他都讓他措手不及。那是一個不同的世界。但如果這部電影是在今天拍攝的，「過去」發生在 1994 年，那麼這部電影或許會更有趣。我們任何一個人穿越到行動網際網路或 AI 普及之前的時代，都會比邁克爾‧福克斯更加不適應，也更與 1994 年的時代格格不入。這是因為 1994 年至 2024 年的平均進步速度，要遠遠高於 1955 年至 1985 年的進步速度。最近 30 年發生的變化比之前 30 年要快的多，多得多。

雷·庫茲韋爾認為：「在前幾萬年，科技增長的速度緩慢到一代人看不到明顯的結果；在最近一百年，一個人一生內至少可以看到一次科技的巨大進步；而從二十一世紀開始，大概每三到五年就會發生與此前人類有史以來科技進步的成果類似的變化。」總而言之，由於加速回報定律，庫茲韋爾認為，21 世紀將取得 20 世紀 1,000 倍的進步。

事實也的確如此，科技進步的速度甚至已經超出個人的理解能力極限。2016 年 9 月，AlphaGo 打敗歐洲圍棋冠軍之後，包括李開復在內的多位行業學者專家都認為 AlphaGo 要進一步打敗世界冠軍李世乭希望不大。但後來的結果是，僅僅 6 個月後，AlphaGo 就輕易打敗了李世乭，並且在輸了一場之後再無敗績，這種進化速度讓人瞠目結舌。

現在，AlphaGo 的進化速度正在 GPT 的身上再次上演。OpenAI 在 2020 年 6 月發佈了 GPT-3，並在 2022 年 3 月推出了更新版本，內部稱之為「davinci-002」。然後是廣為人知的 GPT-3.5，也就是「davinci-003」，伴隨著 ChatGPT 在 2022 年 11 月的發佈，緊隨其後的是 2023 年 3 月 GPT-4 的發佈。而按照 Sam Altman 的計畫，GPT-5 在 2024 年也將被正式推出。

從 GPT-1 到 GPT-3，從 ChatGPT 到 GPT-4，每一次的發佈都帶給我們全新的震撼 —— 在這個過程中，人類社會討論了多年的人工智慧，也終於從人工智障向想像中的人工智慧模樣發展了。

奇點隱現，而未來已來。正如網際網路最著名的預言家，有「矽谷精神之父」之稱的凱文凱利（Kevin Kelly）所說的那樣：「從第一個聊天機器人（ELIZA，1964）到真正有效的聊天機器人（ChatGPT，2022）只用了 58 年。所以，不要認為距離近視野就一定清晰，同時也不要認為距離遠就一定不可能」。

2.3 | 一個由 OpenAI 打造的 AI 帝國

除了 GPT 大型語言模型系列，OpenAI 還開發了語音模型 Whisper、文字生成圖片模型 DALL‧E 系列，各有各的用途。此外，在 2024 年年初，OpenAI 更是重磅發佈了第一款 AI 文字生成影片模型 —— Sora，能夠生成一分鐘的高畫質影片。從 GPT 大型語言模型到語音模型 Whisper，從文字生成圖片模型 DALL‧E 到文字生成影片模型 Sora，一個由 OpenAI 打造的人工智慧帝國已經呼之欲出。

2.3.1 從 Whisper 到 DALL‧E

在處理音訊識別和翻譯時，我們經常面臨多樣化的音訊資料和處理多種語言的複雜難題。傳統的音訊處理方法通常步驟繁雜，各個處理階段的結果往往需要手動銜接和微調。這種方法不僅效率低下，而且容易出現誤差，尤其是在處理涉及多個語言和不同類型音訊資料的任務時。

基於此，一個高效的自動語音辨識（ASR）系統對於全球通訊和語言支援工具至關重要，特別是在智慧語音助理和電話語音翻譯等領域。OpenAI 開發並開源的 Whisper 模型，為解決這些問題提供了強而有力的工具。

研究團隊透過從網路上收集了 68 萬小時的多語言（98 種語言）和多工（multitask）監督資料對其進行了訓練。這一龐大的資料集不僅涵蓋了豐富的語言和任務，還包含了各種口音、背景雜音和技術術語，使

Whisper 能夠執行包括多種語言的語音辨識、語音翻譯以及語言辨識等多項任務。

Whisper 的核心在於其基於 Transformer 架構的序列到序列模型。Transformer 模型因其在處理自然語言處理任務中的卓越性能而備受青睞。透過這種架構，Whisper 可以同時訓練處理不同的語音任務，使用解碼器預測代表各種任務的特定標記（token）。這一創新的方法有望取代傳統音訊處理中的多個步驟，實現對多工的同時訓練，提高整體處理效率和準確性。

使用這樣一個龐大而多樣的資料集，Whisper 顯著提高了對口音、背景雜音和技術術語的識別能力。這意謂著，無論是在嘈雜的環境中，還是面對不同口音的講話者，Whisper 都能夠準確地識別和翻譯語音內容。這對於智慧語音助理和電話語音翻譯等應用場景尤其重要，能夠提供更為流暢和自然的使用者體驗。

除了語音辨識，Whisper 還能實現多種語言的轉錄，並將這些語言翻譯成英語。這一功能使得 Whisper 不僅在單一語言環境中表現出色，還能在多語言環境中提供高品質的轉錄和翻譯服務。這對於需要處理多語言內容的應用程式，如國際會議、跨國公司內部溝通和多語言客服系統等，提供了強而有力的技術支援。

目前，Whisper 已經有了許多變體，適應不同的應用需求。比如，針對特定領域或特定語言進行了優化的模型變體，可以提供更加精準和高效的服務。此外，由於其強大的多工處理能力和卓越的識別性能，Whisper 已成為許多 AI 應用建構時的必要元件。

DALL‧E 則是 OpenAI 開發的一系列突破性的圖像生成模型，自2021 年首次發佈以來，它就不斷推動著人工智慧在視覺創作領域的界

限。DALL‧E 的首次亮相就展示了其驚人的能力：它可以創造出動物和物體的擬人化版本，以合理的方式組合不相關的概念，渲染文本，並對現有圖像進行轉換。這些能力為創意領域提供了前所未有的工具，使得設計師和藝術家能夠以全新的方式進行創作。

2022 年 4 月，OpenAI 發佈了 DALL‧E 2，這一版本在多個方面進行了顯著的改進。與其前身相比，DALL‧E 2 生成的圖像更加逼真、細節更加豐富、解析度更高。這一升級大幅增強了模型的實際應用價值，使得生成的圖像不僅在藝術創作中表現出色，還可以在廣告、媒體、教育等領域提供專業級別的視覺內容。DALL‧E 2 正式開放註冊後，用戶數量迅速增長，達到了 150 多萬。在一個月後，這一數字翻了一倍，顯示出市場對高品質 AI 圖像生成工具的強烈需求。DALL‧E 2 的成功不僅體現在其技術能力上，更體現在其廣泛的用戶接受度和應用潛力上。

2023 年 9 月，DALL‧E 迎來了第三個版本 —— DALL‧E 3。這個版本不僅在圖像生成效果上有了巨大的提升，還與 ChatGPT 進行了深度整合。這意謂著用戶不僅可以使用提示詞（prompt）設計出 AI 圖像，還可以透過與 ChatGPT 的對話來修改生成的圖像。這種整合顯著增強了模型理解使用者指令的能力，使圖像生成過程更加流暢和直觀。

DALL‧E 3 的最大創新之一是其生成提示詞的能力。即使用戶不知道如何使用提示詞，只需輸入自己的想法，ChatGPT 會自動為 DALL‧E 3 生成詳細的提示詞。這種方式使得 AI 圖像生成更加接近於自然語言處理的體驗，降低了用戶的使用門檻，讓更多人能夠輕鬆將自己的創意轉化為精美的視覺圖像。

Whisper 和 DALL‧E 系列模型的開發和優化，也反映了 OpenAI 在推動人工智慧邊界方面的持續努力。可以說，Whisper 和 DALL‧E 不僅是技術上的突破，它們還代表了 OpenAI 對於人工智慧多功能性和易用性的追求。Whisper 透過處理複雜的多語種環境和背景雜訊問題，提高了語音辨識技術的實用性和準確性，而 DALL‧E 系列則透過不斷升級增強了圖像生成的品質和創造性，使得從專業設計師到普通用戶都能將自己的想像力轉化為視覺圖像。

2.3.2 橫空降世的 Sora

2024 年 2 月 15 日，Open AI 發佈了第一款 AI 文字生成影片模型── Sora，能夠生成一分鐘的高畫質影片，一石激起千層浪。畢竟，2023 年年初 ChatGPT 給人們帶來的震撼還歷歷在目，這才過去了一年，OpenAI 又打開了新局面。

事實上，根據文字生成影片這類的應用，在過去也出現過，今天的很多剪輯軟體也附帶著這樣的功能，但 Sora 的呈現仍然驚豔，許多人在看過 OpenAI 發佈的樣片後也直呼「炸裂」、「史詩級」── 儘管 Sora 仍處於開發早期階段，但它的推出已經標誌著人工智慧又迎來了一個里程碑。

相比同類型的文字生成影片應用程式，Sora 就是「神」級的存在，Sora 的驚豔主要表現在三個方面：「建構現實」、「60 秒超長長度」和「單影片多角度鏡頭」。

如果用一句話來形容 Sora 帶給人們的震撼，那就是「以前不相信是真的，現在不相信是假的」，這其實說的就是 Sora「建構現實」的能力，OpenAI 官方公佈了數十個示例影片，充分展示了 Sora 在這一方面

的強大能力。人物的瞳孔、睫毛、皮膚紋理，都逼真到看不出一絲破綻，真實性與以往的 AI 生成影片是史詩級的提升，AI 影片與現實的差距，更難辨認。

如果說之前的 AI「文字生成影片」都還是在「模擬現實」，那麼 Sora 則突破性實現了「建構現實」。區別在於，前者是對現實的模仿，難以捕捉現實世界的物理規則、動態變化。但 Sora 則是在虛擬世界裡，建構另外一種現實。其學習的不僅是像素與畫面，還有現實世界的「物理規律」。舉個例子，我們如果在下過雨或者有水的地面上行走，水面會反射出我們的倒影，這是現實世界的物理規則，Sora 生成的影片，就能做到「反射出水面上人的倒影」。但之前的 AI 文字生成影片工具，則需要不斷的調教，才能產出較為逼真的影片。

並且，之前主流的 AI 生成影片都在 4 到 16 秒，影片播放時非常不流暢，就像一張張幻燈片（PowerPoint）一樣，而 Sora 彎道超車，直接將時長拉到 60 秒，後者的畫面表現，已經媲美影片素材庫，放進影片當空鏡頭完全可行。1 分鐘的長度也完全可以應對短影音的創作需求。並且，從 OpenAI 發表的文章來看，如果需要，超過 1 分鐘毫無任何懸念。

此外，Sora 還可以生成具有單影片多角度鏡頭的特點。影片的多角度鏡頭，也就是多機位是指使用兩台或兩台以上攝影機，對同一場面同時作多角度、多方位的拍攝。多機位拍攝可使觀眾能夠從多個不同的角度觀看畫面，給人以身臨其境的感覺。它展現空間更全面、視點更細膩、角度更開放、長度更自由，給觀眾帶來全方位、多角度的觀賞體驗。

　　要知道，目前的 AI 文字生成影片應用程式，都是單鏡頭單生成。一個影片裡面，有多角度的鏡頭，主體還能保證完美的一致性，這在以前，甚至在 Sora 誕生之前，都是無法想像的，但現在 Sora 做到了。Sora 可以在單個生成的影片中創建多個鏡頭，準確地保留角色和視覺風格。

　　除了用文字生成影片，Sora 還支援影片到影片的編輯，包括往前擴展，向後擴展。Sora 可以從一個現有的影片片段出發，透過學習其視覺動態和內容，生成新的幀來擴展影片的時長。這意謂著，它可以製作出多個版本的影片開頭，每個開頭都有不同的內容，但都平滑過渡到原始影片的某個特定點。同樣地，Sora 也能夠從影片的某個點開始，向前生成新的幀，從而擴展影片至所需的長度。這可以創造出多種結局，每個結局都是從相同的起點開始，但最終導向不同的情景。Sora 模型的時間擴展功能為影片編輯和內容創作提供了前所未有的靈活性和創造性。它不僅能夠生成無限迴圈的影片，還能夠按照創作者的意圖製作出具有特定結構和風格的影片作品。

　　如果對 Sora 生成影片的局部（比如背景）不滿意，直接更換就可以了。Sora 的影片編輯不僅提高了編輯的效率和準確性，還為用戶創造了無限的可能性，使他們能夠在不需要專業影片編輯技能的情況下，實現複雜和創意的影片效果。

　　Sora 甚至還可以拼接完全不同的影片，使之合二為一、前後連貫。透過插值技術（插值是對原圖像的像素重新分佈，從而來改變像素數量的一種方法。「插值」程式會自動選擇資訊較好的像素作為增加、彌補空白像素的空間，而並非只使用臨近的像素，所以在放大圖像時，圖像看上去會比較平滑、乾淨。簡單來說，插值技術就是對圖像的自動

提取、優化與生成。），Sora 就可以在兩個不同主題和場景的影片之間創建無縫過渡。Sora 的這些功能極大地擴展了影片編輯的可能性，使得創作者能夠更加自由地表達自己的創意，同時也為影片編輯領域帶來了新的技術和方法。

當然，Sora 也可以生成高品質的圖片。Sora 的圖像生成能力是透過在時間範圍為一幀的空間網格中排列高斯雜訊塊來實現的。這種方法允許模型生成各種尺寸的圖像，解析度高達 2048x2048。Sora 的圖像生成能力也展示了其在視覺創作領域的強大潛力，在落地應用方面可滿足不同場景和需求。

Sora 的發佈，是 AI 領域石破天驚的大事件。這也讓我們看到，或許技術的發展有跡可循，但技術的突破點卻是真的難以預測。要知道，對於我們人類而言，要將一段文字，透過圖片或者影片的方式精準的表達出來，如果沒有經過專業的訓練都無法實現。比如我們要繪畫一種風格，或者是設計一副廣告，在缺乏專業美術與設計訓練的情況下，我們是很難讓這種圖像具有美感，很難將一段文字精準的抽象成藝術的表現方式。而 Sora 對於文字的精準理解，以及高清、精準的藝術抽象表達，再次讓我們看到了人工智慧在機器智慧方面的躍遷。

2.3.3 Sora 的真正價值

Sora 標誌著 AIGC 在內容創造領域的一個重要進步。但除了多模態的能力，Sora 更重要的突破，則是基於 Sora 的技術模型 —— diffusion model（擴散模型）+transformer（轉換器）顯示出了模擬世界的潛力，即 Sora 並非簡單的影片生成，而是能根據真實世界的物理規律對世界進行建模。

　　什麼意思呢？就是它能夠理解用戶的需求，並且還能夠理解這種需求在物理世界中的存在方式。簡單來說，Sora 透過學習影片，來理解現實世界的動態變化，並用電腦視覺技術模擬這些變化，從而創造出新的視覺內容。也就是說，Sora 學習的不僅僅是影片，也不僅僅是影片裡的畫面、像素點，還在學習影片裡面這個世界的「物理規律」。

　　就像 ChatGPT 一樣 —— ChatGPT 不僅僅只是一個聊天機器人，其帶來最核心的進化，是讓 AI 擁有了類人的語言邏輯能力。Sora 最終想做的，也不僅僅是一個「文字生成影片」的工具，而是一個通用的「現實物理世界模擬器」。也就是世界模型，為真實世界建模。這也是 Sora 真正的價值和進化所在。劉慈欣有一篇短篇科幻小說 ——《鏡子》，裡面就描繪了一個可以鏡像現實世界的「鏡子」。Sora 就好像是這個構建世界模型的「鏡子」。

　　Sora 的影片生成能力再加上為真實世界建模的能力，其實核心很簡單，就是基於真實世界物理規律的影片視覺化。所謂視覺化，其實就是將複雜的文字或資料透過圖形化的方式，轉變為人們易於感知的圖形、符號、顏色、紋理等，以增強文字或資料的識別效率，清晰、明確地向人們傳遞有效資訊。

　　要知道，在人類的進化過程中，人腦感知能力的發展經歷了數百萬年，而語言系統則發展未超過 15 萬年。可以說，人腦處理圖形的能力要遠遠高於處理文字語言，也就是說，面對圖像人腦能夠比面對文字更快地處理和加工。這一點，不僅在早期的象形文字上就有非常好的印證，在當前短影音成為資訊的主流方式也正在說明人類對於圖像有本能的偏好。

究其原因，人類對語言的理解，離不開自己的內部經驗。而視覺，則是一種人類感知世界、建立經驗的「直接機制」。人類透過視覺看到東西，就能夠迅速進行解析、迅速進行判斷、並留下深刻的印象。也就是說：透過視覺，人類可以直接建立「經驗」。

研究也表明，人體五官獲取資訊量的比例是視覺 87%、聽覺 7%、觸覺 3%、嗅覺 2%、味覺 1%。也就是說，人類的主要資訊獲取方式是視覺，我們的大腦更擅長處理視覺資訊。舉個例子，給我們一篇由文字與字元所構成的資料分析文章，而另外一篇則是把這一堆表格用二維，或者更高階的三維視覺化呈現時，我們會更偏向於哪一種表達與閱讀方式呢？我想這個答案很顯而易見，大部分的人會偏向於選擇更直觀的三維表現方式，或者是二維的圖像表現方式，最不受歡迎的則是基於文字與字元表現的文章方式。

從資訊加工的角度來看，大量的資訊必將消耗我們的注意力，需要我們有效的分配精力。而視覺化則能輔助我們處理資訊，不僅更加直觀，並且可以將資料背後的變化以圖像的形式直觀的表現出來，讓我們透過圖像就能一目了然的瞭解資料背後的關聯、變化、趨勢，從而在有限的記憶空間中儘量儲存資訊，提升認知資訊的效率。

基於此，特別是在今天資訊大爆炸的時代裡，視覺化的表達就顯得極為重要。視覺化利用圖像進行溝通，可以將人腦快速處理圖形的特點最大化的發揮出來。這也是 Sora 的價值所在，我們只要給 Sora 一個指令，Sora 就能夠基於現實世界的物理規律將我們想要表達的內容以影片的方式視覺化。因此，可以說，哪裡需要影片視覺化，哪裡就需要 Sora。

　　而就像 ChatGPT 開啟了大型語言模型競賽一樣，Sora 的這一技術路徑或許也會成為接下來的文字生成影片模型新範式，並在全球範圍內掀起一場新的技術競賽。

　　對於 OpenAI 來說，從文本生成模型 GPT、語音模型 Whisper、文字生成圖片模型 DALL · E，到文字生成影片模型 Sora，今天，OpenAI已經成為人工智慧領域當之無愧的王者，把同類型的 AI 模型遠遠甩在身後，不僅逐漸形成了一個完善的 AI 應用生態，更打造出了一條自己的 AGI 通用技術路線。

　　在技術和資金的加持下，可以預期，在接下來的時間裡，OpenAI還將在人工智慧領域繼續遙遙領先，一個由 OpenAI 打造的人工智慧帝國已經呼之欲出。

2.4 ｜ OpenAI 的規模法則

　　今天，在全球一眾人工智慧科技巨頭或者說大型語言模型賽道上，手握 GPT 系列和 Sora 等大型語言模型的 OpenAI 無疑是最受關注的那一個，也是最強的那一個。而 OpenAI 的成功，其中包含一個核心的價值理念，那就是規模法則（Scaling Law）。

　　事實上，規模法則是一種普遍存在於各種複雜系統中的現象，從生物界到城市科學，其基本原理是隨著系統規模的增大，某些特定屬性或關係呈現出一種固定的模式或規律。這種規律通常表現為一種數學函數關係，比如冪律函數。

　　舉個例子，在鳥群中，鳥和鳥之間的關聯便是關於距離的冪律函數，即鳥群中的鳥之間的距離並不是隨機分佈的，而是呈現出某種規律，這種規律可以透過冪律函數來描述。鳥在飛行或覓食時，會受到其他鳥的影響，比如受到引力或斥力的作用。這些相互作用會導致鳥之間形成一種特定的排布模式。當鳥群規模增大時，個體之間的相互作用數量也隨之增加。因此，更多的鳥會受到其他鳥的影響，從而導致距離更近或更遠的鳥相對之間的數量變化。而冪律函數則能夠很好地描述這種變化趨勢。

　　關於大型語言模型的規模法則來自 OpenAI 2020 年發佈的論文，其核心思想就在於，隨著模型的規模（即模型大小、資料集的規模以及用於訓練的計算資源）的增加，模型的性能也會按照冪律關係顯著提高。這種關係暗示了一個直觀但深刻的事實：在人工智慧的世界中，「更大往往意謂著更強」。也就是說，隨著模型變得更大，它們不僅能處理更複雜的問題，而且在處理這些問題時的效率和準確性也會得到顯著提升。

　　OpenAI 任務，規模法則會伴隨著「湧現」現象的出現。「湧現」是個很神奇的現象，我們都知道，當螞蟻聚集成群時，往往會展現出一種不可思議的「智慧」表現。比如，它們能夠自動發現從蟻群到達食物的最短路徑。這種智慧表現並不是由於某些個體螞蟻的聰明才智，因為每只螞蟻都非常小，不可能規劃比它們身長長至少幾十倍以上的路徑。這種行為是由於許多螞蟻聚集成一個蟻群，才表現出來的智慧。這種現象，其實就是「湧現」。當然，不只是螞蟻，從鳥群的靈活有序，到大腦產生意識，皆是湧現出來的特質。

　　在大型語言模型領域，ChatGPT、GPT-4 也表現出了智慧的湧現，即隨著模型規模變大，大型語言模型突然在某一刻擁有了以前沒有的能

力，比如更加深入和準確地理解複雜的語言結構、生成連貫且邏輯嚴密的文本，甚至在與人進行自然語言互動時表現出接近人類的思維模式。例如，原先的模型可能在面對複雜的語境或隱晦的幽默時顯得力不從心，但隨著規模的增加，這些模型開始能夠理解並生成具有高階語言技巧的文本，如諷刺、隱喻甚至是創造性的幽默。

此外，隨著模型變得更加龐大和複雜，它們在處理特定領域問題時的表現也更加出色。比如，在醫學診斷、法律諮詢或金融分析等專業領域，大型模型能透過分析大量的資料集，提供與專業人士相媲美或甚至更好的建議和解決方案。這一點在 GPT-3 和 GPT-4 的實際應用中已經得到了證明，它們能夠在無需人為指導的情況下自行生成高品質的專業文本。

而這種神奇的進步再次在 Sora 身上得到了體現。正如 OpenAI 在技術報告裡提到的，在長期的訓練中，OpenAI 發現 Sora 不僅能夠生成視覺上令人印象深刻的影片內容，而且還能模擬複雜的世界互動，展現出驚人的三維一致性和長期一致性。這些特性共同賦予了 Sora 在影片內容創作中的巨大優勢，使其成為一個強大的工具，能夠在各種情境下創造出既真實又富有創意的視覺作品。

所謂三維一致性指的是 Sora 能夠生成動態視角的影片。同時隨著視角的移動和旋轉，人物及場景元素在三維空間中仍然保持一致的運動狀態。這種三維一致性不僅增加了生成影片的真實感，也極大地擴展了創作的可能性。無論是環繞一個跳舞的人物旋轉的攝像機視角，還是在一個複雜場景中的平滑移動，Sora 都能夠以高度真實的方式再現這些動態。

值得一提的是，這些屬性並非透過為三維物體等添加明確的歸納偏置而產生 —— 它們純粹是規模效應的現象。也就是說，是 Sora 自己

根據訓練的內容，判斷出了現實世界中的一些物理客觀規律，某種程度上，人類如果僅僅是透過肉眼觀察，也很難達到這樣的境界。

可以說，規模法則作為 OpenAI 的核心價值理念之一，不僅推動了公司技術的快速發展，也影響了全球人工智慧技術的進步方向。更重要的是，從 GPT 開始，OpenAI 就從一而終地堅持著規模法則，比所有人都更篤定地走了下去，並用足夠多的資源在巨大的規模上驗證了它。

3

Anthropic：
OpenAI 的最強
勁敵

3.1 | 一齣好戲，從隊友到對手

在大型語言模型行業，如果說 OpenAI 是當之無愧的行業老大，那麼初創公司 Anthropic 則是當仁不讓的老二，甚至被稱為 OpenAI 的最強競爭對手，有意思的是，Anthropic 的創始團隊就來自 OpenAI。

3.1.1 從 OpenAI 離開的 Anthropic

Anthropic 作為一家成立不到 2 年的公司，已經成為了繼 OpenAI 以來矽谷最受資本歡迎的大型語言模型公司，業內排名第二。

Anthropic 最神奇的是它的來歷 —— Anthropic 創始團隊是 GPT 系列產品的早期開發者。2020 年 6 月，OpenAI 發佈第三代大型語言模型 GPT-3。半年之後，負責 OpenAI 研發的研究副總裁 Dario Amodei（達里奧‧阿莫迪）和安全政策副總裁 Daniela Amodei（丹妮拉‧阿莫迪）就決定離職，創立一家與 OpenAI 有不一樣價值觀的人工智慧公司 —— Anthropic。

Dario Amode 和 Daniela Amodei 是一對親兄妹。Dario 於 1983 年出生於義大利，並在美國長大，他是義大利和美國混血兒。2006 年在斯坦福大學完成了本科學習獲得物理學學士學位後，前往普林斯頓大學完成了物理學和生物物理學的博士學位。2014 年，全球人工智慧領域的頂級人物吳恩達出任百度首席科學家，同時負責百度研究院的領導工作，其下屬的矽谷 AI 實驗室（SVAIL）也於此時正式成立。剛從大學走出的 Dario 也正是在這個時候加入了百度的 SVAIL 實驗室，但其在百度僅僅工作了不到一年時間便離開。

2016 年 5 月，OpenAI 創始人 Sam Altman 和 CTO Brockman 找到 Dario 時，他正在 Google 當研究員。當時，OpenAI 成立只有半年，幾個月後，他就加入了 OpenAI，擔任戰略總監。這一年，Dario 與 Google 的其他同事共同撰寫了《AI 安全中的具體問題》一文，討論了神經網路的內在不可預測性。這篇論文引入了副作用和對不同模型能力的不安全探索的概念，他們試圖傳達快速擴展模型的安全風險，並最終成為 Anthropic 的基礎。

2019 年，OpenAI 宣佈將從非營利組織重組為「有限盈利」組織，隨後，微軟投資了 10 億美元，以繼續開發向善的人工智慧。OpenAI 的重組最終引發了關於組織方向的內部緊張局勢，一直以來，OpenAI 的目標就是「構建安全的通用人工智慧並與世界分享其好處」。但 2019 年 OpenAI 的組織變革卻引發了內部許多人的擔憂，這也為 Dario 離開 OpenAI，創立 Anthropic 埋下了伏筆。

Dario 將最終從 OpenAI 離開並創立 Anthropic 的決定描述為：「在 OpenAI 內部有一群人，當我們創造 GPT-2 和 GPT-3 後，對兩件事有非常強烈的信念。我認為比大多數人更加堅信這兩點。第一，我們信投入更多的計算資源到這些模型中，它們會變得越好，幾乎沒有盡頭。我認為現在這個觀點得到了更廣泛的認可，但我們是最早的信仰者。第二，我們認為除了僅僅擴大型語言模型規模之外，還需要對齊或安全性的東西。僅僅透過增加計算資源並不能告訴模型它們的價值觀。所以我們秉持著這個想法，成立了自己的公司。」

和 Dario 一起離開公司的還有 Dario 的妹妹 Daniela Amodei。2010 年，Daniela 開始了她的職業生涯，先是在馬里蘭大學學園中心的國際發展專案工作，然後在 Conservation Through Public Health 擔任研究員，接著在 Matt Cartwright 競選國會工作，並在 2013 年為美國眾議院工作。

此後，Daniela 開始進入企業界，2013 年，Daniela 先是進了一家叫 Stripe 的金融科技公司，最初擔任招聘人員，隨後成為核心營運、用戶政策和核保的風險經理。Daniela 的職業生涯由此得到了飛速發展，最終在 Stripe 擔任風險專案經理。2018 年，Daniela 加入了 OpenAI，先是擔任工程經理和人力資源副總裁，隨後成為安全和政策副總裁，負責監督技術安全和政策職能，並管理業務營運團隊。

除了 Dario 和 Daniela 外，在 2020 年 12 月，離開 OpenAI 並加入 Anthropic 的，還有其他數十名研究人員，比如曾在 OpenAI 領導 GPT-3 模型的工程師 Tom Brown 等。

3.1.2 為了安全的努力

Dario 和 Daniela 等研究人員之所以會離開 OpenAI 再創建一個大型語言模型公司，根本原因就是在公司的發展方向和 AI 價值觀上產生了分歧——OpenAI 在 2019 年與微軟達成第一筆 10 億美元的交易後，越來越趨向商業化，但 Dario 和 Daniela 等人卻強調要研發更加安全的 AI——Dario 和 Daniela 兄妹向外界表示，一起離開的團隊有著「高度一致的 AI 安全願景」。就連公司名 Anthropic 的意思都是「有人類息息相關的」，Anthropic 的目標則是建構一套可靠、可解釋、可控的「以人類（利益）為中心」的 AI 系統。

為了實現更加安全的 AI，自成立以來，Anthropic 就將其資源投入到「可操縱、可解釋和穩健的大規模人工智慧系統」，強調其與「樂於助人、誠實且無害」的人類價值觀相一致。特別是在技術開發之外，Anthropic 圍繞大型語言模型的不可預測性問題進行了廣泛的研究活動。

2022 年 2 月，Anthropic 發表了一篇論文《大型生成模型中的可預測性和驚喜》，探討了模型規模增加對行為可預測性的影響以及不可預測的損失。論文中特別指出，在某些任務上，比如三位數加法，當模型的參數達到一定數量後，其準確性不是平穩增長，而是突然飆升。這種現象表明，AI 模型的行為在達到某個「閾值」後可能會發生根本性變化。這也反映出大型語言模型內部複雜的動態過程。隨著參數數量的增加，模型內部可能會形成新的資料處理方式，這些新機制可能會在沒有明顯預兆的情況下突然改善模型的性能。然而，這些變化也往往伴隨著新的、未預見的行為模式，這種不可預測性可能會導致意想不到的後果，文章指出，特別是如果僅僅為了經濟利益或在缺乏政策干預的情況下使用。

為了實現更安全的 AI，Anthropic 在 2022 年 4 月推出了一種新的方法 —— 使用偏好建模和來自人類回饋的強化學習（RLHF）。這種方法結合了傳統的強化學習技術和人類直觀的偏好判斷，旨在訓練 AI 更有效地響應人類需求，同時避免產生可能的負面影響。

偏好建模是這一過程的基礎，偏好建模的主要目的就是建構一個能夠理解和模擬人類偏好的模型。這需要從人類回饋中學習，透過觀察人類如何在不同選項之間做出選擇來訓練 AI。這種方法的關鍵在於，它不僅僅讓 AI 學習正確的答案，而是使其能夠理解在給定情境下哪些類型的響應更受歡迎或更符合道德標準。其中，人類的角色則類似於教師，他們透過獎勵那些符合人類價值觀和偏好的 AI 行為來引導 AI 的學習。在 Anthropic 的實踐裡，這通常表現為一個互動式過程，其中 AI 會為一個給定的問題生成多種可能的回答，然後由人類評估這些回答的幫助性、無害性和適當性。選中的回答將被用作正面的強化訊號，指導 AI 在未來的類似情景中生成更好的回答。

RLHF 的一個重要優勢是提升 AI 在零樣本和少樣本任務中的性能。零樣本任務是指 AI 在沒有見過任何具體示例的情況下需要解決的問題，而少樣本任務則指的是只有非常有限的資料可供學習。這類任務對 AI 系統的適應性和泛化能力提出了極高的要求。透過 RLHF，AI 可以透過模擬人類的決策過程，而不僅僅是依賴於大量的資料登錄，來解決這些任務。這樣的訓練方法使得 AI 在面對新穎或稀有的情境時能夠更好地調整其響應，以符合人類的預期和道德標準。

除了提出使用偏好建模和來自人類回饋的強化學習方法外，2022 年 12 月，ChatGPT 剛發佈不久，Anthropic 又發表了一篇論文，提出新的 AI 價值觀訓練方法 —— 基於 AI 回饋的強化學習（RLAIF）。

傳統的 AI 模型，如 OpenAI 的 GPT 系列，主要透過人類回饋的強化學習（RLHF）進行訓練，即透過人類對模型輸出的評價來指導模型的學習。然而，Anthropic 選擇了一條不同的路徑，他們創造了一個全新的 AI 實體 —— 憲法 AI，這個 AI 的任務是根據一套詳細的道德和法律指南來評估和指導另一個 AI 模型的行為。

憲法 AI 的設計初衷是建構一個能夠代表和維護高道德標準和法律原則的 AI 評價系統。這些原則包括聯合國《世界人權宣言》的基本人權標準、Apple 公司的資料隱私規則、DeepMind 的 Sparrow 模型的道德準則，以及 Anthropic 自己的研究實驗室原則。這些指南覆蓋了從基本的法律常識到複雜的道德哲學問題，如確保 AI 不會幫助用戶進行非法活動，或避免 AI 表現出對個人身份的關心或擁有。此外，Anthropic 在設計憲法 AI 時還特別注意到文化多樣性的重要性，強調模型在決策時需要考慮全球多元的文化背景和非西方、非富裕國家的視角和價值觀。為了確保 AI 在遵循這些原則的同時不顯得過於教條或居高臨下，

Anthropic 還制定了平衡規則，要求憲法 AI 在評價時既展示道德和倫理意識，同時也要保持語言上的中立和包容性。

讓生成式模型學會這套成文憲法的技術與 OpenAI 訓練 GPT 時所使用的強化學習類似，只不過 GPT 使用的是基於人類回饋的強化學習，而 Anthropic 則先將上述「憲法」訓練成一個評價模型，也就是說，在實際訓練中，憲法 AI 充當了一種高級評估者的角色。當 Anthropic 的大型語言模型 Claude 在訓練過程中生成回答時，它不是直接受到人類回饋的獎勵或懲罰，而是由憲法 AI 來進行評估。憲法 AI 會根據其程式設計的原則來打分和排序 Claude 的回答，確保每一個輸出都符合既定的高標準道德規範。

這種訓練方法與傳統的基於人類回饋的強化學習有著根本的區別。在 RLHF 中，AI 模型是透過學習人類的直接偏好來進行優化，這可能受到人類判斷的主觀性和偏差的影響。而 RLAIF 則是透過一個預設的、客觀的標準 —— 憲法 AI 的指導，使得 Claude 的學習和決策過程更加透明和可預測。

再簡單一點來說，GPT 依靠是人治，Claude 依靠的則是法治，這一方法也標誌著 AI 技術在培養道德感和遵循高標準道德規範方面邁出了重要一步。

3.1.3 Anthropic 的「公益」實踐

可以說，基於價值觀的分歧，才有了 Anthropic 的誕生。作為比 OpenAI 更加關注 AI 安全的公司，Anthropic 除了提出基礎模型研究和基於憲法 AI 的訓練方法外，在公司管理上，也採用了與 OpenAI 不同的方式。

　　在上一章，我們已經瞭解到，OpenAI 是如何從一家非盈利組織到一家不再純粹的非盈利組織的 —— OpenAI 創建了一個營利性子公司「OpenAI LP」，來籌集投資資金並以初創公司的股權吸引人才，大部分員工都被轉移到該子公司工作。而原先的公司實體稱之為「OpenAI Nonprofit」，保留公司的控制權。為了保證 OpenAI LP 不是盲目追求利潤，而是「使命至上」（確保創建和採用安全且有益的 AGI），OpenAI 設計了「利潤的上限限制」—— 第一輪投資者的回報上限為其投資的 100 倍，任何超出這個數額的回報都歸原來的 OpenAI Nonprofit 實體所有。

　　在 2019 年 OpenAI 宣佈成立營利性子公司不久，微軟向其投資了 10 億美元，獲得 49% 的股權，並成為 OpenAI 的獨家雲端服務商。儘管 OpenAI 一再強調，所有投資者與員工都簽署協議，規定 OpenAI LP 對公司憲章的義務始終放在第一位，即使以犧牲部分或全部財務股份為代價。但是，關於 OpenAI 違背初心，變成了一家由微軟在背後操控、以利潤為導向的公司的批評不絕於耳。

　　與 OpenAI 不同，Anthropic 則是採用了一種「公益公司 + 長期利益信託基金」的治理方式。

　　首先，Anthropic 是一家在德拉瓦州註冊的公益公司，這是公司的基礎。公益公司是一種新的公司類型。不同於 OpenAI 非營利組織的「殼」，公益公司首先是一個營利公司，但是同時也要求股東平衡財務利潤與公共利益。

　　與此同時，為了解決股東的財務利益與公司的公共利益出現衝突的潛在矛盾，Anthropic 設計了一種新的公司治理結構 —— 長期利益信託基金。

事實上，Anthropic 成立之初就成立了該機構，最早稱為「長期利益委員會」，並在 2021 年寫入了公司的 A 輪融資檔，但那時候只是一個雛形。經過兩年的調整與法律完善，長期利益委員會演化為更成熟的長期利益信託基金。

長期利益信託基金是一個獨立機構，目前由五位人工智慧安全、國家安全、政策和社會企業方面具有背景和專業知識的受託人組成，受託人的職責就是免受 Anthropic 的經濟利益影響，可以獨立地平衡公眾利益與股東利益。

Anthropic 董事會在為期一年的搜尋和面試過程中選擇了這些初始受託人，以發現那些表現出深思熟慮、堅強品格以及對 AI 的風險、利益和對社會影響有深刻理解的個人。受託人任期一年，未來的受託人將由受託人的投票選舉。

Anthropic 表示，長期利益信託是一項關於公司治理的大型社會實驗，此前並沒有任何參考案例，但這是經過深思熟慮來設計的。Anthropic 稱自己是「實證主義者」，想看看它是如何工作的。

當然，信託基金的權力不是無限的。由於其實驗性質，Anthropic 還設計了一系列「保險絲」條款，如果足夠大的股東多數同意，允許在沒有受託人同意的情況下更改信託及其權力。

Anthropic 認為，公司治理產生社會有益成果的能力很大程度上取決於非市場外部性（Non-market externalities，指在沒有市場交易的情況下，一個經濟主體的行為對另一個經濟主體產生的間接影響）。非市場外部性的影響可以是正面的也可以是負面的，其中一方的行為影響了合作廠商的福利，而這種影響沒有透過市場價格機制得到補償或懲罰。Anthropic 認為，人工智慧將會創造前所未有的巨大外部性影響，從國

家安全風險到大規模的經濟破壞，從對人類的根本性威脅到對人類安全和健康的巨大利益。技術的發展如何迅猛，以至於約束其高外部性的法律和社會規範尚未跟上步伐。

值得一提的是，Anthropic 認為日常所做的大多數決策，公共利益與股東回報並不矛盾，通常是強烈協同的：建立有效的安全研究的能力取決於建立前沿模型，建立前沿模型的同時也會在商業成功上獲得極大回報。

於是，透過公益公司相關法律的約束，Anthropic 有望更好地平衡股東與公眾的利益，並且定期向所有者報告公司是如何促進其公共利益的。而不遵守這些要求，則可能會引發股東訴訟。反觀 OpenAI，儘管 OpenAI 董事會的獨立董事有權作出他們認為的正確選擇，但最終的結果是，投資人與 CEO 對 OpenAI 的發展方向有不可替代的發言權。這從 2023 年 11 月末 OpenAI 的宮鬥 —— Altman 被免職又回歸就可見一斑。

總而言之，不管是 OpenAI 還是從 OpenAI 離開的 Anthropic，作為世界一流的大型語言模型公司，它們在推動大型語言模型的開發和應用方面都作出了顯著貢獻，它們的存在除了推動技術的發展，也在 AI 道德和安全的討論中扮演了重要角色。可以預期的是，隨著技術的進一步成熟和社會的逐漸適應，這兩家公司無疑將繼續在智慧技術的探索與實現中發揮領導作用。

3.2 | Claude：GPT 的最強競品

Anthropic 不僅被認為是最可能挑戰 OpenAI 的公司，Anthropic 旗下的 Claude 系列 —— 也被認為是 GPT 的最強競品。

3.2.1 緊隨 ChatGPT 的 Claude

2022 年 11 月 30 日，ChatGPT 發佈，不到四個月，2023 年 3 月，Anthropic 就 推 出 了 類 ChatGPT 產 品 —— Claude。Anthropic 指 出，Claude 的答案比其他聊天機器人更有幫助且無害，還具有解析 PDF 文件的能力。

儘管 Claude 在 2023 年 3 月才正式對外發佈，但根據 Vox 的報導，Claude 已經開發完成的時間比 ChatGPT 還要早。Vox 報導稱，Anthropic 早在 2022 年 5 月就研發出了能力和 ChatGPT 不相上下的產品，但並沒有選擇對外發佈，因為擔心安全問題，而且，它不想成為第一家引起轟動的公司。儘管實際推出比 ChatGPT 晚了近 4 個月，Claude 仍然是全球最快跟進推出的類 ChatGPT 產品。與之相比，Google 直到 5 月才為其聊天機器人 Bard 接入差不多的生成式模型 PaLM2。

類似的近身競爭之後又出現了一次。2023 年 3 月 14 日，OpenAI 推出能力更強大的多模態模型 GPT-4。7 月，Claude2 就發佈了。

這一新版本不僅提供了更優質的對話能力和更深入的上下文理解，還在道德行為方面有了顯著的改進。Claude2 的技術參數數量更達

到了 8.6 億個參數，同時其上下文視窗也顯著增加，從理論上可以處理達到 100K 個標記（約 75K 個單詞），最高理論限制可達 200K 標記。

就在 2023 年 11 月 OpenAI 內部高層「宮鬥」的那一周，Claude 2.1 發佈，Claude 2.1 具有 20 萬上下文窗口，API 比 GPT-4 Turbo 便宜 20%。上下文視窗的大小直接影響語言模型在生成答案時能夠同時考慮多少資訊 —— Anthropic 表示，Claude 2.1 的上下文視窗大約相當於 150,000 個詞或超過 500 頁的內容。這使得用戶可以上傳整個程式庫、財務報告，甚至像《伊利亞特》或《奧德賽》這樣的大型文學作品供模型處理，為應用提供更廣泛的可能性。這一突破性的特性使得 Anthropic 再次成為市場上最具專注性的 AI 模型供應商之一。

儘管根據初步測試，還沒有跡象顯示 Claude 2.1 在品質方面足以超越 GPT-4 Turbo，但其在安全性領域表現出了優勢。Anthropic 公司表示，相對於其前身 Claude 2.0，Claude 2.1 的幻覺率減少了一半。這一重要的改進意謂著組織可以更加自信和可靠地建構 AI 應用程式，從而提高效率和準確性。

與 Claude 2.1 的發佈一同推出的還有一個名為「工具使用」的測試功能，使 Claude 系列能夠更好地與使用者的現有流程、產品和 API 整合。這個更新允許開發者透過 Claude 編排自訂功能或 API，搜尋網際網路資源，並從私有知識庫中提取資訊，從而提供更加智慧化的用戶支援。此外，為了幫助開發者更快地掌握和測試 Claude API 的新功能，Anthropic 還對開發者控制台進行了優化簡化。新的開發者工作臺不僅提供了一個互動豐富的環境，讓開發者可以靈活地處理和測試提示，還引入了可調整的新模型設置，使開發者能夠更精細地控制 Claude 的行為，從而使整個開發過程更加高效和順暢。

目前，Claude 2.1 已經可以透過 API 訪問，並且在 claude.ai 網站上提供了免費和專業版的聊天介面。這些新特性不僅加強了 Claude 的功能性，也為開發者和最終用戶創造了更多的可能性，使其能夠更好地適應不同的商業和技術需求。

並且，相較於 GPT-4 收取 20 美元的訂閱費，Claude 則實行免費策略。這為不願付費但又想使用高品質生成式 AI 服務的使用者多提供了一個選擇。對 Claude 系列則意謂著，它只需要跟同樣單模態（只處理語言，不處理圖片）的 GPT-3.5 競爭就可以了。

除了 Claude 系列外，在 2023 年 3 月，Anthropic 還發佈了 Claude Instant，作為 Claude 的一個更快速、更羽量級的變體，Claude Instant 主要設計用於快速回應和即時交流。Claude Instant 通常用於需要快速回饋的應用，如客戶服務、即時通訊等。儘管它的回應速度較快，但可能不會像完整版 Claude 那樣深入理解複雜的上下文或提供詳盡的分析。

同年 8 月，Claude Instant 1.2 的 API 發佈。利用 Claude 2 的優勢，其上下文視窗擴展到 100K 個 token，足以在幾秒鐘內分析整個《大亨小傳》。Claude Instant 1.2 還表現出了對各種科目的較高熟練程度，包括數學、程式設計和閱讀等科目，並且出現幻覺和胡言亂語的風險較低。

3.2.2　Claude 3 打趴 GPT-4 ？

在和 OpenAI 的競爭中，Anthropic 從未停止腳步，如果說 Claude 2.1 還難以超越 GPT-4 Turbo，那麼 2024 年 3 月 6 日 Anthropic 發佈的新一代 Claude 3 則被全面超越了 GPT-4。

Claude 3 系列包含三個模型，按能力由弱到強排列分別是 Claude 3 Haiku、Claude 3 Sonnet 和 Claude 3 Opus。

　　其中 Claude 3 Opus 是智慧程度最高的模型，支援 200k tokens 上下文視窗，在高度複雜的任務上實現了當前 SOTA 的性能。該模型能夠以絕佳的流暢度和人類水準的理解能力來處理開放式 prompt 和未見過的場景。

　　Anthropic 官方宣稱，作為旗艦級別的超大杯 Opus 模型，其智慧程度堪比人類，能夠遊刃有餘地應對開放式問題，並巧妙解決各種複雜挑戰。從官方發佈的成績單來看，在知識測試 MMLU、推理測試 GPQA、基礎數學測試 GSM8K 等一系列基準測試中，超大杯 Claude 3 Opus 模型每一項得分都全面超越了 GPT-4 以及 Gemini 1.0 Ultra（圖 3-1）。不過，在定價上，能力最強的 Claude 3 也比 GPT-4 Turbo 要貴得多：GPT-4 Turbo 每百萬 token 輸入 / 輸出收費為 10/30 美元；而 Claude 3 Opus 為 15/75 美元。

　　Claude 3 Sonnet 在智慧程度與運行速度之間實現了理想的平衡，尤其是對於企業工作負載而言。與同類模型相比，它以更低的成本提供了強大的性能，並專為大規模 AI 部署中的高耐用性而設計。Claude 3 Sonnet 支援的上下文視窗為 200k tokens。

　　Claude 3 Haiku 是速度最快、最緊湊的模型，具有近乎即時的回應能力。Claude 3 Haiku 支援的上下文視窗同樣是 200k，該模型能夠以無與倫比的速度回答簡單的查詢和請求，用戶透過它可以建構模仿與人類互動的無縫 AI 體驗。

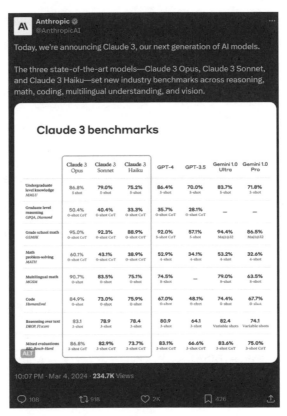

圖 **3-1**

　　Claude 系列也首次擁有了多模態的能力 —— Claude 3 具有與其他模型相當的複雜視覺功能。它們可以處理各種視覺格式資料，包括照片、圖表、圖形和技術圖表。現在，使用者已經可以上傳照片、圖表、文件和其他類型的非結構化資料，讓 Claude 3 進行分析和解答。

　　根據 OpenAI 的技術報告，相較於前面幾代的 Claude，Claude 3 的智慧水準是突飛猛進的。讓 Claude 3 扮演經濟分析師，在開放式的問題面前，它也能給出非常專業的分析結果。比如，給 Claude 3 發一張

美國過去二十多年的 GDP 圖，讓它預測下未來幾年美國經濟的大致走向。短短幾秒，它不僅生成了結果，而且還預測出了好幾十種走向。此外，Claude 3 還能夠讀懂論文、分析論文、解釋論文。用 Anthropic 的話說，Claude 3 系列模型在推理、數學、編碼、多語言理解和視覺方面，都樹立了新的行業基準。

更重要的是，Anthropic 認為，Claude 3 是值得信任的。Anthropic 有多個專門的團隊負責追蹤和減輕各種風險，這些風險範圍廣泛，包括錯誤資訊和兒童性虐待材料（CSAM）、生物濫用、選舉干預和自主複製技能。Anthropic 表示繼續開發諸如憲法人工智慧（Constitutional AI）等方法，以提高模型的安全性和透明度，並調整模型以減輕新模態可能引發的隱私問題，解決日益複雜的模型中的偏見是一個持續的努力，Anthropic 在這個新版本中取得了進展。正如模型卡片所示，根據問題回答偏見基準（Bias Benchmark for Question Answering，簡稱 BBQ），Claude 3 表現出的偏見比之前的模型要少。Anthropic 致力於推進減少偏見和促進模型更大中立性的技術，確保它們不會偏向任何特定的黨派立場。

雖然 Claude 3 模型系列在生物知識、網路相關知識和自主性等關鍵指標上比之前的模型有所進步，但根據 Anthropic 的負責任擴展政策，它仍然處於人工智慧安全等級 2（AI Safety Level 2，簡稱 ASL-2）。Anthropic 表示將繼續仔細監控未來的模型，以評估它們接近 ASL-3 閾值的程度（圖 3-2）。

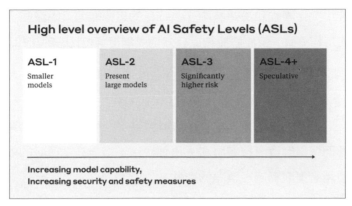

圖 3-2

3.2.3　Claude 落地應用

　　從 Claude 到 Claude 3，如今，Anthropic 的 Claude 系列已經成為了眾多行業和應用中的關鍵角色。作為先進的大型語言模型之一，Claude 的多功能性和高度適應性使其在多個領域中展現出顯著的效能和效率。透過與公司的策略合作和創新應用，Claude 已經在客戶服務、法律、個人指導、資訊搜尋和辦公自動化等多個方面發揮了重要作用。

　　在客戶服務領域，Claude 憑藉其快速回應和自然對話的能力，已經成為了許多企業優選的解決方案。比如，韓國的電信巨頭 SK Telecom 就選擇了 Claude 來優化其廣泛的客戶服務操作。Claude 的應用不僅提高了回應效率，還透過更加自然和友好的交流方式，提升了客戶滿意度。

　　在法律行業，Claude 利用其擴展的上下文視窗處理和分析長篇法律文件的能力受到了法律專業人士的高度評價。它不僅在模擬律師考試中取得了令人矚目的成績，還能夠為實踐中的律師提供強大的支援，比如

案件研究、文件審查和法律諮詢。Claude 的這些能力大幅減輕了法律專業人士的工作負擔，使他們能夠更有效地處理複雜和耗時的法律事務。

在資訊搜尋方面，Claude 的整合 API 應用顯示出了其強大的資料處理和資訊提取能力。比如，DuckDuckGo 利用 Claude 的技術開發了 DuckAssist 工具，透過精確地摘要和解釋維基百科上的內容，為使用者提供快速而準確的資訊搜尋服務。這種應用不僅提高了搜尋的效率，也優化了使用者獲取和處理資訊的方式。

在辦公自動化領域，Claude 的應用同樣表現出色。透過整合到如 Slack 這樣的即時通訊平台，Claude 可以直接在聊天環境中提供資訊支援和自動化服務，比如從電子郵件和工作文件中提取關鍵資訊。

Claude 還在程式設計和技術開發領域顯示了其潛力。在支援程式碼完成和生成產品方面，比如 Sourcegraph 的服務，Claude 透過自動完成程式碼片段和提供程式設計建議，幫助開發者提高編碼效率和減少錯誤。

此外，Claude 作為一種多用途工具，還被整合到了許多創新的人工智慧產品中，比如 Notion AI 和 Quora 的 Poe。這些產品透過利用 Claude 的高階語言處理能力，提供了強大的文本生成和內容創作工具，這不僅改變了使用者與內容的互動方式，還推動了內容創作自動化的發展。

Claude 的廣泛應用和顯著效果不僅驗證了其作為一種先進人工智慧工具的價值，也展示了人工智慧如何在多個領域內實現創新和優化。

總而言之，作為大型語言模型的領先玩家之一，Anthropic 憑藉其注重安全的替代方案 Claude，已經在與 ChatGPT 的競爭中取得了重大進展。憑藉 Claude 系列的優異性能，Anthropic 不僅成功躋身大型語言模型行業的第一梯隊，其關於 AI 安全的技術創新更是為整個行業的發展樹立了新的標準。

3.3 | Anthropic 是下一個 OpenAI 嗎？

儘管 Anthropic 被認為是大型語言模型賽道上當仁不讓的「老二」，但從現實出發，要挑戰 OpenAI 這樣技術和資金實力都俱佳的領先者，困難程度不亞於最初創立 OpenAI 的那批人立志要打破 Google 的 AI 壟斷。

3.3.1 Anthropic 的強力「後援」

從商業模式來看，目前，Anthropic 的商業模式還較為單一，採用基於使用情況的定價模型向使用者收費。Claude Instant 處理的每百萬個 token（大約 75 萬個單詞）的提示成本（prompts）為 1.63 美元，完成成本（completions）為 5.51 美元。對於 Claude 2，價格上漲至 11.02 美元 / 百萬提示代幣和 32.68 美元 / 百萬完成代幣。作為參考，OpenAI 對 GPT-4 的提示 token 收費為 60 美元 / 百萬提示代幣，完成 token 收費為 120 美元 / 百萬完成代幣。Claude2.1 具有 20 萬上下文窗口，API 比 GPT-4Turbo 便宜 20%，但能力最強的 Claude 3 則比 GPT-4Turbo 要貴得多。從使用者規模來看，據 Claude 2 發佈前 Anthropic 公關主管 Avital Balwit 透露的資料，Claude 的使用者數量並不高，只有數十萬，與 ChatGPT 的 1 億多用戶相去甚遠。

雖然在商業模式和使用者規模上，Anthropic 都與 OpenAI 還有較長的一段距離，但 Anthropic 依然廣受資本市場的看好。

事實上，自創立以來，Anthropic 一直在籌集資金，並擴大研究團隊，2021 年 5 月宣佈 A 輪融資 1.24 億美元，由 Skype 聯合創始人

JaanTallinn 領投，其他支持者包括 Facebook 和 Asana 聯合創始人 Dustin Moskovitz、前 Google 首席執行官 Eric Schmidt。不到一年後，Anthropic 在 2022 年 4 月宣佈 B 輪融資 5.8 億美元，由現已破產的 FTX 加密貨幣交易所首席執行官 Sam Bankman-Fried 領投。

在資金問題上，Anthropic 陸續迎來其他實力雄厚的支持者。

2023 年 5 月 23 日，Anthropic 宣佈完成 C 輪融資 4.5 億美元，由 Spark Capital 領投，還有包括 Google、Salesforce（透過其子公司 Salesforce Ventures）和 Zoom（透過 Zoom Ventures）在內的科技巨頭參與，此外還有 Sound Ventures、Menlo Ventures 和其他未披露的投資方。Anthropic 估值由此達到 41 億美元，Anthropic 也成為了除 OpenAI 外融資最多的 AI 初創公司。

2023 年 8 月，SK Telecom 宣佈與 Anthropic 合作後，又投資了 1 億美元。同年 9 月，亞馬遜宣佈計畫向 Anthropic 投資最多 40 億美元，並表示最初將投資約 13 億美元購買少數股權，並就將投資總額增加至 40 億美元的選擇權以及對 Anthropic 的承諾進行了談判。10 月，Anthropic 從包括 Google 在內的投資者籌集了 20 億美元，估值達到了 200 至 300 億美元。

在 Anthropic 的所有投資方裡，來自 Google 的支持一直備受關注。在 2023 年 3 月微軟高調宣佈向 OpenAI 投資 100 億美元後不久，Google 就向 Anthropic 投資了約 3 億美元，以換取該公司 10% 的股份，根據交易條款，Anthropic 要將 Google 雲作為其首選雲端服務提供者。

這筆交易標誌著一家科技巨頭與一家 AI 初創公司的最新聯盟，類似於微軟和 OpenAI 之間的合作關係，OpenAI 進行專業研究，而微軟提供資金和訓練 AI 模型所需的計算資源。在 Google 和 Anthropic 結

盟前，微軟早已投資了數十億美元，並將 OpenAI 的技術整合到自家許多服務中，Google 對於 Anthropic 的投資似乎也釋放著類似的訊號 —— 即便目前消息顯示，Google 與 Anthropic 的關係，仍僅限於作為 Anthropic 的技術支援和資金提供方。

除了 Google 外，亞馬遜對於 Anthropic 的支持也不可忽視。在 2023 年 9 月，亞馬遜首次向 Anthropic 投資 12.5 億美元，並表示在 2024 年 3 月底前將投資額提升至 40 億美元。亞馬遜確實履行了承諾，2024 年 3 月，亞馬遜宣佈要給 AI 初創公司 Anthropic 追加 27.5 億美元的投資金額，這是亞馬遜迄今為止最大的一筆風險投資。這也就是說，截至目前，亞馬遜對這家公司的總投資額已經達到了 40 億美元。亞馬遜表示，作為這筆交易的一部分，Anthropic 將使用亞馬遜的定制晶片來建構和部署其 AI 軟體。亞馬遜還同意將 Anthropic 的技術整合到其旗下的所有產品中。

但不管是 Google 還是亞馬遜，投資的邏輯其實都很好理解，其實就是幾個核心動機：獲取創新技術、增強自身的產品和服務、並確保在人工智慧的快速發展領域中保持領先地位。透過對 Anthropic 等 AI 初創公司的投資，這些科技巨頭可以直接訪問到最前沿的人工智慧技術和研發團隊。Anthropic 在人工智慧的安全性和可解釋性方面的突破為其贏得了業界的廣泛關注，這些技術的潛在應用範圍非常廣，從改善現有的雲端運算服務到創新消費者面向的產品都有可能。

Google 和亞馬遜透過這樣的投資，不僅能夠把握這些新技術的發展動態，還能夠將這些創新應用到自家的服務和產品中，從而增強其市場競爭力。Google 雲端平台可以透過 Anthropic 的技術提升其資料處理和分析的能力，進一步鞏固其在雲端服務市場的領導地位。亞馬遜則需要透過 AWS 提供模型，與微軟的 OpenAI 產品進行競爭，而 Anthropic

是現有的最佳替代方案。亞馬遜持有 Anthropic 少量股權，但不會控股或者佔有董事會席位。

3.3.2　挑戰者的挑戰

資本市場的看好是 Anthropic 的實力，但挑戰也隨之而來。

Anthropic 融資期間，矽谷科技圈精英人士中間正流行一股叫「有效利他主義」（Effective Altruism，簡稱 EA）的思潮，意思是「用理性使得善的程度最大化」。包括 Google 在內，Anthropic 吸引的不少投資都來自信仰這種思潮的科技高階主管。比如，參與其 A 輪融資的 Facebook 聯合創始人 Dustin Moskovitz 和 Skype 聯合創始人 Jaan Tallinn 都是「有效利他主義者」中的一員；B 輪融資中，投資者 Sam Bankman-Fried 、Caroline Ellison 和 Nishad Singh 也都曾公開宣稱自己是有效利他主義者。

這種氛圍與早期的 OpenAI 極其相似，當時，包括馬斯克等在內的矽谷精英正是為了打 Google 的 AI 壟斷、使這項技術更透明更安全，才聯合創立的 OpenAI。但發佈 GPT-2 後不久，OpenAI 就開始不再 open。

根據《MIT 科技評論》2020 年的報導，2018 年之前，「非營利性質」幾個字還寫在 OpenAI 的章程裡。在 2018 年 4 月發佈的公司新章程中，OpenAI 就開始稱「我們預計需要調動大量資源來實現我們的使命」。顯然，訓練大型語言模型是一項超級燒錢的工作，於是，2019 年 3 月，OpenAI 建立了一個「有限利潤」的子機構來擺脫純粹的非營利性質。不久之後，它宣佈獲得微軟 10 億美元投資。包括 Dario 和 Daniela 在內的 Anthropic 創始團隊，正是在對 OpenAI 的這種轉變的不滿中離職另立門戶的。

但現在，曾經為難 OpenAI 的經濟問題又回到了 Anthropic 手上——面對連 OpenAI 都難以應對的經濟問題，Anthropic 真的會有更好的方法嗎？

事實上，Anthropic 已經與它剛成立時的理想程度有所下降。其實直到 2022 年年底 ChatGPT 發佈之前，Anthropic 都還只是一個研究機構。當年 11 月底，ChatGPT 發佈，Anthropic 立刻行動起來，決定推出一個與 ChatGPT 直接競爭的產品（就是 Claude）。現在，Anthropic 給自己的定位是一家公益法人公司（PBC，Public Benefit Corporation），兼具公益和商業公司屬性。

而且，Anthropic 在 AGI 方面的野心並不亞於 OpenAI。推出兩代 Claude 模型和產品之後，Anthropic 還計畫建立一個能力比當今最強大的 AI（比如 GPT-4）還要再強 10 倍的模型。這個專案暫被命名為「Claude-Next」。

Anthropic 預計，這個超強 AI 將比其當今最大的模型還要大幾個數量級，並需要在未來 18 個月內為這個超強 AI 花費 10 億美元。根據其 C 輪融資宣傳檔，為與競爭對手 OpenAI 競爭，並進入十多個主要行業，該公司預計未來兩年內還需要籌集高達 50 億美元的資金。

經濟壓力帶給 OpenAI 的變形之一就是其逐漸將「AI 安全」置於「訓練更強大的 AI」之後。儘管當前 Anthropic 仍在強調更重視 AI 的安全問題，但不可忽視的一點是，隨著訓練成本的推高和模型擴大，Anthropic 遲早會面對 AI 安全和更強大 AI 的兩難選擇，畢竟，大型語言模型規模定律的其中一點，就是當大型語言模型規模越大能力越好時，其生成文本的毒性（即粗魯、不尊重或不合理的語言）也隨模型規模增加。

　　經濟壓力帶給 OpenAI 的另一個變形是向微軟懷抱的投奔。在沒有人驗證生成式 AI 能帶來多少安全問題的前提下，財報數字亟待拯救的 OpenAI 已經不得不將 GPT 部署到各個產品之中了。「Claude-Next」所要消耗的 50 億美元如果不能繼續從那些「有效利他主義者」那裡獲得，或者當這些理想主義者開始因 Anthropic 對現實妥協而失望，Anthropic 很可能落入 Google 或亞馬遜手中。

　　對於 Anthropic 來說，成為 OpenAI 的挑戰者，本身就是一個巨大的挑戰，而 Anthropic 會不會成為下一個 OpenAI，今天尚未可知。

4

Google：從失守到追趕

4.1 | AI 領域的超級玩家

在 OpenAI 憑藉 ChatGPT 爆紅並引發世界轟動的同時，全世界的目光也都轉向了矽谷一哥 —— Google。作為 AI 領域研究和開發的全球領導者之一，Google 在 AI 領域不僅積累深厚，而且佈局也同樣完善。曾經很多對手試圖與 Google 正面競爭，但他們都失敗了。事實上，2014 年前後的第一波 AI 浪潮，正是 Google 掀起的。直到今天，Google 仍然是 AI 領域不可忽視的超級玩家。

4.1.1 Google Brain：Google 的 AI 發展起點

對於 Google 在 AI 領域的發展而言，Google Brain 是個重要的起點。

Google Brain，也就是 Google 大腦，其實是「Google X 實驗室」一個主要研究專案，Google X 部門的科學家們透過將 1.6 萬台電腦的處理器相連接，建造出了全球為數不多的最大中樞網路系統 —— Google 大腦。它是 Google 在人工智慧領域開發出的一款模擬人腦的軟體，這個軟體具備自我學習功能，因此被稱為「Google 大腦」。

Google 大腦專案於 2011 年啟動，這一年，傑夫·迪恩、格雷·柯拉多、吳恩達三人參與了斯坦福大學和 Google 的聯合研究專案 Google X，其中的一個子專案就是 Google 大腦，他們的目標是研究深度學習和神經網路，透過模仿人類大腦的學習方式來優化 Google 的產品和服務。他們堅信，人工的「神經網路」，也能像嬰兒一樣主動去建立對世界的認知。

　　很快，Google 大腦展現出了驚人的效益和成功，僅僅在短短時間內，Google 大腦就證明了自身的價值。Google X 前負責人埃裡克‧泰勒曾透露，Google 大腦當時賺到的錢超過了整個 Google X 部門的成本。於是，2011 年，Google 大腦從一個試驗性專案獨立成為 Google 的人工智慧專案。

　　在 Google 大腦專案啟動後的第二年，Google 大腦繼續取得突破性進展，尤其是在電腦視覺領域。傑夫‧迪恩和吳恩達透過向一個由 16000 台電腦構成的大型網路系統展示大量 YouTube 影片，令系統在沒有任何先驗知識的情況下，自主學習並成功識別出了「貓」的圖像。隨後，《紐約時報》的採訪、Google 大腦的論文、美國國家公共廣播的報導等紛至沓來的曝光，不僅 Google 大腦聲名大噪，在大眾視野裡，這可能是人們第一次直觀地感受人工智慧的應用。

　　自此，Google 大腦專案逐漸變成了 Google AI 產品的孵化器。Google 大腦不僅在技術上屢屢突破，更孕育了一系列創新產品，Google 翻譯、BERT 語言模型（為 Google 搜尋提供支援）、TPU（Google 授權給客戶並在內部用於一系列生產專案的硬體加速器）和 Google Cloud AI 都得到了 Google 大腦的支援。

　　Google 翻譯的進化是從 Google 大腦專案中衍生出的一個顯著成果。透過結合先進的類神經網路技術與龐大的多語言文本資料庫，Google 翻譯實現了直接的語音到文本轉換，使用者可以用一種語言說話，系統則直接以另一種語言輸出文本，這省去了傳統的語音辨識和文本轉換步驟。這種技術的實現不僅提高了翻譯速度，也大幅提升了翻譯的準確性和流暢度。

BERT 是一種新型的語言處理模型，能夠更深入地理解自然語言中的上下文。BERT 的引入，使得 Google 搜尋能夠更準確地理解用戶的查詢意圖，並提供更為相關和精準的搜尋結果。這種模型的成功部署，標誌著自然語言處理技術在搜尋引擎領域的一大步進。

在硬體加速方面，為了支援日益增長的計算需求，Google 大腦團隊開發了 TPU（Tensor Processing Unit），這是一種專為機器學習和深度學習演算法設計的硬體加速器。TPU 能夠極大地加速神經網路的訓練和推理過程，不僅被 Google 用於內部專案，也對外提供服務，幫助其他公司和研究機構加速他們的 AI 研究。

另一個值得關注的創新是 Google Duplex 技術，這種技術使 AI 能夠透過電話進行自然對話，執行現實世界中的任務，例如預約餐廳或安排美髮服務。Duplex 技術的核心在於其極其自然的交流能力，用戶幾乎感覺不到自己是在與一個 AI 系統交談，這提高了用戶的接受度和使用頻率。

此外，Google 大腦團隊也深入探索了機器感知的可能性，目標是讓電腦更好地理解和處理來自我們周圍世界的視覺、音訊和多模態資料。這包括圖像和影片分析、音訊識別以及其他感知資料的處理。比如，透過改進的圖像識別技術，電腦現在能夠更準確地識別和分類線上影片中的內容，這對於影片推薦系統等應用非常有幫助。

Google 大腦還推出了 PAIR Initiative（People + AI Research），這是一個專注於改善人機互動的研究專案。PAIR 的目標是透過研究人類如何與 AI 系統合作，來設計更直觀、更有用的 AI 應用。這包括提高 AI 系統的可解釋性，使非技術背景的用戶也能理解 AI 決策過程，並有效地利用這些系統。

總之，Google 大腦作為 Google 在 AI 研究領域的先鋒，不僅在技術上取得了顯著成就，也在實際應用中展示了 AI 技術的廣闊前景。當然，Google 大腦的成功，靠著也是 Google 多年來在文字、圖像、影片上的資料儲備，龐大的運算能力基礎設施，以及足夠的經濟投入，憑藉 Google 大腦，在 AI 領域，Google 率先實現了「Connect the dots」。同期，亞馬遜、Facebook、微軟甚至大洋彼岸的百度、阿里巴巴，都開始關注並投入到 AI 的研究和發展裡。

4.1.2　DeepMind：從理論到應用的飛躍

DeepMind 對於 Google 的重要性不言而喻，事實上，今天我們所熟知的很多 AI 領域的突破都來自於 DeepMind。

2013 年，在 Google 大腦成立兩年後，Facebook 同位於英國倫敦的、一家名不見經傳的 AI 初創團隊 DeepMind 拋出橄欖枝。彼時的 DeepMind 瀕臨破產，但仍堅持獨立運營和對 AI 倫理的堅持，面對 DeepMind 團隊給出的「不能做」的限制條件，Facebook 打了退堂鼓。

一年後，2014 年，Google 簽署了 DeepMind 拿出的《道德與安全審查協定》，以 6 億美元的價格，收購 DeepMind。Google 收購 DeepMind，曾被外界認為是一種雙贏。一方面，Google 將行業最頂尖的人工智慧研究機構收入麾下，另一方面，燒錢的 DeepMind 也獲得了雄厚的資金和資源支持。

當然，拋開 Google 和 DeepMind 對人工智慧發展方向的分歧，DeepMind 也一直是 Google 的驕傲。作為 Google 母公司 Alphabet 的子公司，DeepMind 是世界領先的人工智慧實驗室之一。它交出的成績單，十分亮眼。

　　當然，我相信很多人都是因為 AlphaGo 才知道 DeepMind 的。2016 年 3 月，一場對弈載入史冊 —— 由 DeepMind 推出的圍棋機器人 AlphaGo，最終以 4:1 戰勝了被譽為「不敗少年」的韓國天才圍棋手李世乭。AlphaGo 從此一炮而紅，並且登上《Nature》雜誌封面。

　　達闥機器人創始人、CEO 黃曉慶感歎道：「AlphaGo 的誕生是 AI 領域一次原子彈級別的爆發。」中國圍棋天才少年柯潔也曾高度評價 AlphaGo：「感覺就像一個有血有肉的人在下棋一樣，該棄的地方也會棄，該退出的地方也會退出，非常均衡的一個棋風，真是看不出出自程式之手。」

　　對於 DeepMind 以及世界圍棋界而言，最激動人心的是 AlphaGo 在博弈過程中所表現出來的創造力，甚至有時候它的招數對古老的圍棋智慧都造成了挑戰。要知道，一直以來圍棋都被認為是最需要人類深思熟慮的遊戲之一，AlphaGO 的勝利彰顯了人工智慧的巨大可能性，也讓蟄伏 6 年的 DeepMind 終於破繭成蝶，但 DeepMind 掀起的 AI 革命才剛剛開始。

　　事實上，就在 DeepMind 團隊帶領 AlphaGo 從首爾凱旋第二天，便啟動了一個名為 AlphaFold 的新專案。如果說 AlphaGo 證明了人工智慧的潛力，那麼 AlphaFold 的出現，才是真正印證了 DeepMind 的願景 —— 用智慧解決一切問題。

　　AlphaFold 的故事始於一個簡單的假設：如果每個蛋白質的三維結構都是由其氨基酸序列決定的，那麼理論上，透過序列應能預測出其精確的三維結構。這個由美國科學家 Christian Anfinsen 於 1972 年提出的理論，雖深具啟發性，但實際驗證卻異常艱難。要知道，蛋白質是幾乎

所有藥物的主要靶點，瞭解蛋白質結構，是解決某些疾病的關鍵步驟。但蛋白質折疊預測難於登天，自然界中的蛋白質能在幾毫秒內自發折疊，不確定性極高。

這個問題足足困擾了學界超過半個世紀，無數專家學者試圖證明該假設，弄清楚氨基酸序列和蛋白質 3D 結構之間的關係，但都走進了死胡同。直到 2008 年，一款叫 Foldit 的遊戲讓 DeepMind 創始人 Demis Hassabis（德米斯·哈薩比斯）看到了希望。Foldit 是一款由華盛頓大學等機構聯合開發的蛋白質折疊遊戲，玩得好的玩家能夠運用自己的直覺和圖形處理能力，找到正確的蛋白質折疊方式。一些由 Foldit 玩家破解出的重要蛋白質結構甚至還被發表到《Nature》雜誌上。

Foldit 讓 Hassabis 意識到，人工建構 AI 系統，讓它具備能與某個領域資深專家相媲美的直覺，是完全可行的。於是，DeepMind 在研發 AlphaGo 時首先借鑒了 Foldit 的思路，讓 AI 模擬數位圍棋大師的思維方式。AlphaGo 成功了，他們又把類似的方法用在了預測蛋白質折疊問題上。

當時，CASP（一項全球範圍的蛋白質結構預測競賽）是讓 AlphaFold 一鳴驚人的重要契機。CASP 自 1994 年開始，每兩年舉辦一次。參賽選手需要從零開始預測一些新發現的、還未發表的蛋白質結構，這樣能很好地避免機器學習可能出現的資料過度擬合等問題，DeepMind 希望能透過 CASP 來評價 AI 的蛋白質結構預測能力。2018 年，DeepMind 帶著 AlphaFold 參加了第 13 屆 CASP 競賽，首次把尖端機器學習技術運用到了結構預測領域，一舉奪冠，而且預測準確率比往年冠軍隊伍高出近 50%。

此次奪冠後，AlphaFold 的開發者 John Jumper（約翰・瓊珀）開始帶領團隊考慮繼續優化 AlphaFold，以進一步提高準確率，但他們很快發現在原有模型上調優的準確率已經達到天花板。這時，Hassabis 叫停了他們的優化，讓他們果斷放棄原來的版本，在對蛋白質有更多生物和物理知識的基礎上，重新搭建一套系統。

兩年後，2020 年，DeepMind 帶著從 0 開始的 AlphaFold2 再戰第 14 屆 CASP 競賽，比賽上，AlphaFold2 展現出了驚人的準確率 —— 預測結果達到了原子精度，這是物理上的最高精度，中位數誤差不到僅 0.96 埃米（約為 1 個原子的長度）。就連 AlphaFold 的開發團隊都驚歎於 AlphaFold2 的預測結果，竟能如此完美地契合真實的蛋白質結構。

CASP 結束後，DeepMind 加快步伐，讓 AlphaFold 在生物醫藥領域迅速釋放價值。2020 年末，John Jumper 團隊預測了人體中所有的蛋白質結構，共 2 萬種。2021 年 7 月，DeepMind 將這項成果及軟體程式碼發表在了 Nature 上。根據生物醫學研究目錄 PubMed 的資料，2020 年只有 4 篇論文參考了 AlphaFold，這一數字在 2021 年增長到 92 篇，2022 年增長到 546 篇。

目前，已經有一些生物技術公司再使用 AlphaFold2 開發藥物。比如，初創公司 Insilico Medicine 將他們的人工智慧系統與 AlphaFold 一起使用，該公司 CEO Alex Zhavoronkov 亞（曆克斯・紮沃龍科夫）表示，他的團隊從找到藥物靶點到設計藥物並在實驗室進行測試，只花了大約 50 天，不到 100 萬美元，他認為這是藥物開發的一個記錄。

從 AlphaGo 到 AlphaFold，DeepMind 的系列成就對整個 AI 領域都產生了深遠的影響，這些突破極大地推動了機器學習技術特別是深度學習的發展，也使 AI 技術得到了廣泛的社會認可，加速了 AI 技術在各

行各業的應用，從金融、製造到醫療和教育等。同時，這些專案也奠定了 Google 在 AI 領域的領先地位，是 Google 在推動人工智慧實際應用、引領全球科技創新方面的重要里程碑。

4.1.3 AI-first：Google 的「AI 優先」

2015 年，拉裡‧佩奇在 Google 公司的部落格上，宣佈 Google 改組為 Alphabet 公司。第二年，Google 新任 CEO 桑達爾‧皮查伊，在 I/O 開發者大會上發出聲明：Google 已經成為了搜尋的代名詞，Alphabet 未來將成為一家 AI 優先的公司。從 Google 大腦到 DeepMind，Google 對 AI 勢在必行。

2016 年，Google 發佈 Google Assistant，基於語音辨識和自然語言處理技術的虛擬助埋，Google Assistant 的一切核心技術都圍繞著 AI，而它後續也整合進了智慧家居系統 Google Home、智慧穿戴系統 WearOS、智慧駕駛系統 AndroidAuto 等等系統，如今，Google Assistant 已是 Google 生態中不可或缺的一環。

2017 年，繼「識貓」之後，Google Brain 在影像處理上又取得重大突破，他們利用神經網路和深度學習，用先識別後猜測圖片像素的方法，可以把馬賽克一樣的原圖還原成高解析度的清晰圖片。這一技術演變至今，我們才得以在網際網路上看到各種民間動手修復的「高清重製版」影片。

同年，Google 發佈 TensorFlow，一個用於建構和訓練機器學習模型的開源框架。研究員、工程師、開發者甚至對 AI 好奇的普通人，都可以免費使用它去搭建自己的機器學習模型。TensorFlow 也支援多種程式設計語言和作業系統。開源性質、不挑硬體的跨平台、良好的社群氛

圍，TensorFlow 就像是 Android 之於智慧手機，Chrome 之於瀏覽器，它或許不會給 Google 賺到多少錢，但它無疑降低了入門 AI 的門檻，快速推動了機器學習和深度學習的發展。

不僅如此，這一年，Google 發明的 Transformer，也成為了支撐今天 AI 模型的關鍵技術。最初的 Transformer 模型，一共有 6500 萬個可調參數。Google 大腦團隊使用了多種公開的語言資料集來訓練這個最初的 Transformer 模型。這些語言資料集就包括了 2014 年英語—德語機器翻譯研討班（WMT）資料集（有 450 萬組英德對應句組），2014 年英語—法語機器翻譯研討班資料集（有 3600 萬組英法對應句組），以及賓夕法尼亞大學樹庫語言資料集中的部分句組（分別取了庫中來自《華爾街日報》的 4 萬個句子，以及另外的 1700 萬個句子）。而且，Google 大腦團隊在文中提供了模型的架構，任何人都可以用其搭建類似架構的模型，並結合自己手上的資料進行訓練。也就是說 Google 所搭建的人工智慧 Transformer 模型，是一個開源的模型，或者說是一種開源的底層模型。

在當時，Google 所推出的這個最初的 Transformer 模型在翻譯準確度、英語成分句法分析等各項評分上都達到了業內第一，成為當時最先進的大型語言模型。ChatGPT 正是使用了 Transformer 模型的技術和思想，並在 Transformer 模型基礎上進行擴展和改進，以更好地適用於語言生成任務。

運算能力方面，Google 從 2016 年推出 TPUv1 開始佈局 AI 模型運算能力，其最新一代 TPUv4 的運算能力水準領先全球，同時還透過推出 EdgeTPU 和 CloudTPU 實現對於更廣泛場景的運算能力支援。並且，根據 GartnerCIPS 報告，Google 雲端平台（GCP）還是僅次於 AWS

和微軟的雲端服務「領導者」——其在廣泛的使用場景中都展現出強大的性能，並且在提高邊側能力方面取得了重大進展。透過擴展雲端平台能力和業務的規模和範圍以及收購相關公司，Google 逐步成為領先的 IaaS 和 PaaS 提供商。

如今，從搜尋到翻譯，從語音助理到圖像搜尋，主流的那些 Google 服務，無一不滲透進了 AI 技術。可以說，在 AI 領域，Google 是毋庸置疑的霸主，Google 在 AI 領域領先太久了，以至於 Google 也以為前方沒有其他對手與之匹敵——直到它真正顛覆性創新的對手出現。

4.2 Bard 失守，Google 翻車

2022 年 11 月 30 日，矽谷初創公司 OpenAI 的發佈了 ChatGPT，引爆了全球公眾領域對 AI 的討論。從創作詩歌到編寫程式碼，ChatGPT 可以在幾秒鐘之內給出具有參考性的建議。人們驚訝地發現，AI 的能力已經遠超他們的想像，甚至可能完全改變人類創造和消費資訊的方式。

ChatGPT 的橫空出世，讓 Google 直接拉響了「紅色程式碼」警報，隨後，Google 一面加大投資、另一面緊急推出與 ChatGPT 競爭的產品。那麼，在 ChatGPT 衝擊下暫時落於下風的 Google，又是如何回應這場猝不及防的對戰的？

4.2.1 Bard 迎戰 ChatGPT

爆火的 ChatGPT 吸引了全世界的目光，讓 Google 也感受到了危機，Google 甚至第一次拉響了「紅色程式碼」警報 —— 紅色警報是當 Google 核心業務受到嚴重威脅的時候才會發出的警報。

一直以來，Google 搜尋都被認為是一個無懈可擊且無法被替代的產品 —— 它的營收和財務非常耀眼，市場佔有率佔據了市場領先地位，並且得到了用戶的認可。2022 年，市值 1.4 兆美元的 Google 公司，從搜尋這塊業務，獲得了 1630 億美元的收入，營運了 20 多年的 Google，在該搜尋領域中保持了高達 91% 的市場佔有率。這當然離不開 Google 搜尋背後的技術，Google 搜尋技術的工作原理就是結合使用演算法和系統對網際網路上數十億個網頁和其他資訊進行索引和排名，並為用戶提供相關結果以回應他們的搜尋查詢。

直到 ChatGPT 出現 —— ChatGPT 讓搜尋引擎不只是搜尋引擎，而成為了一種更具智慧且個性化的產品。使用 ChatGPT 的感覺像是，我們給一個智慧盒子裡輸入需求，然後收到一個成熟的書面答覆，這個答覆不僅不會受圖像、廣告和其他連結的影響，還會「思考」並生成它認為能回答你的問題的內容，這顯然比原來的搜尋引擎更具吸引力。

終於，在 ChatGPT 發佈 3 個月後，2023 年 2 月 7 日凌晨，Google CEO 桑達爾・皮查伊（Sundar Pichai）宣佈，Google 將推出一款由 LaMDA 模型支援的對話式人工智慧服務，名為 Bard。皮查伊稱這是「Google 人工智慧旅途上的重要下一步」。他在部落格文章中介紹稱：Bard 尋求將世界知識的廣度與大型語言模型的力量、智慧和創造力相結合。它將利用來自網路的資訊來提供新鮮的、高品質的回復。它既是創造力的輸出口，也是好奇心的發射台。他還表示，Bard 的使用資格將首先「發放給受信任的測試人員，然後在未來幾周內開放給更廣泛的公眾」。

在這個時間節點推出 Bard，雖然沒有指名道姓，但 Bard 對話式 AI 服務的定位，很明顯是 Google 為了應對 OpenAI 的 ChatGPT 而推出的競爭產品，同時也是為了對抗在 ChatGPT 加持下的微軟 Bing 搜尋引擎。幾乎在同一時間，微軟也正式推出由 ChatGPT 支援的新版 Bing 搜尋引擎和 Edge 瀏覽器，新 Bing 搜尋將以類似於 ChatGPT 的方式，回答具有大量上下文的問題。

從發佈會簡陋的佈置可以看出 Google 的準備多少有些倉促，一位演講者甚至遺失了演示用的手機。更糟糕的是，Google 在首次發佈 Bard 時，就在首個線上演示影片中犯了一個事實性錯誤。

在 Google 分享的一段動畫中，Bard 回答了一個關於詹姆斯・韋伯太空望遠鏡新發現的問題，稱它「拍攝了太陽系外行星的第一批照片」。但這是不正確的。有史以來第一張關於太陽系以外的行星，也就是系外行星的照片，是在 2004 年由智利的甚大射電望遠鏡（Very Large Array，VLA）拍攝的。一位天文學家指出，這一問題可能是因為人工智慧誤解了「美國國家航空航天局（Nasa）低估歷史的含糊不清的新聞稿」。這一錯誤也導致 Google 當日開盤即暴跌約 8%，市值蒸發 1020 億美元，將近 3.2 兆多的新台幣。

對於 Bard 的失誤，網路上也有很多聲音，其中一種認為，Bard 匆忙、資訊含糊不清的公告，很可能是 Google「紅色程式碼」的產物。

實際上 Bard 沒有那麼糟糕，畢竟在當時，ChatGPT 也經常一本正經地胡說八道。但是自 ChatGPT 發佈以來，所有人都在期待 Google 的回應。發佈會上的錯誤擊碎了 Google 過去十幾年在 AI 領域的領頭羊形象，彷彿一夜之間，巨頭 Google 在 AI 領域就被小公司 OpenAI 所超越了。

當然，Google 不愧是老牌的科技巨頭，在這樣的情況下，Google 也沒有洩氣，而是開始了新一輪的蓄力。

4.2.2 最強大型語言模型 Gemini

除了 PaLM 2，在 ChatGPT 發佈近一年後，Google 終於又憋出了大招，2023 年 12 月 6 日，Google 宣佈，發佈「最強 AI 大型語言模型」Gemini，也就是雙子座大型語言模型 —— 它的誕生，幾乎耗盡了 Google 內部的全部計算資源。

Google 這一發佈，一下子又點燃了科技圈，就像回到了一年前 ChatGPT 剛發佈時那樣，人人都在討論 Google 這一次發佈的 AI 大型語言模型。

不得不說，Gemini 跟 Google 倉促發佈的 Bard 完全不可同日而語。本質上來看，Gemini 依然是一款 AI 大型語言模型，但與其他大型語言模型不同的是，Gemini 是一個原生多模態的 AI 模型，我們也可以理解為是多合一的全功能 AI 產品。

當然，本質上來看，Gemini 依然是一款 AI 大型語言模型，但與其他大型語言模型不同的是，Gemini 是一個原生多模態的 AI 模型，我們也可以理解為是多合一的全功能 AI 產品。

在 Gemini 發佈之前，市面上的大型語言模型 —— 即便是 GPT-4，雖然有在往多模態發展，但仍然主要聚焦在文本處理上。GPT-4 最厲害的地方依然是文字處理能力，能回答各種問題、甚至能寫詩。但除此之外，2023 年 9 月和 11 月更新的圖像識別、語音輸入等功能，雖然也可以，但並沒有文字那麼夠力。

Gemini 就不一樣，Gemini 可以處理不同類型的資訊，包括文本、程式碼、音訊、圖像和影片等資訊。

從 Google 官方給出的展示影片中也能看出，比如，在 Google 放出的演示影片中，研發人員可以直接讓 Gemini 判斷一張手寫物理題的對錯，並讓它針對某一具體步驟給出講解。這個功能對家裡有小孩的人來說絕對是非常重要也非常有用的功能，可以節省我們很多的時間和精力，給小孩輔導作業，把作業題上傳給 Gemini，它就可以判斷出哪些題是對的，哪些題是錯的，而且我們還可以用滑鼠去點擊那些錯誤的答案，接著，Gemini 就會給出進一步的解釋，具體哪個步驟錯了，為什麼錯，正確的應該是什麼樣的，就完全相當於有個家教在旁邊一樣。

除此之外，在 Google 的演示影片中，研發人員還可以給出圖片素材，讓 Gemini 猜測所指電影名；還可以讓 Gemini 在幾張圖片之間找不同。

Google 官方稱，Gemini 的多模態推理功能能夠理解複雜的書面和視覺資訊，這就使其在大量資料中理解、過濾和提取資訊的能力極為強大，未來將在科學研究、金融等領域發揮作用。此外，由於可以同時識別和理解文本、圖像和音訊等各類資訊，因此，Gemini 也擅長解釋數學和物理等複雜學科的推理。

如果說 ChatGPT 是一台高效的單屏電腦，Gemini 大概就是一套全功能的多屏工作站。單屏電腦提供基本的計算和辦公功能，而多屏工作站則可以同時處理多個任務，展示更多資訊。

這樣來看，Gemini 似乎是比 GPT-4 還要更強，當然，Google 也把 Gemini 和 GPT-4 做了對比，結果也並不意外，在 32 項基準測試中，Gemini 有 30 項領先於 GPT-4，並且，從數學、物理、歷史、法律、醫

學和倫理學等 57 個科目的組合測試得分來看，Gemini 在絕大多數領域都強於 GPT-4（圖 4-1）。

TEXT				
Capability	Benchmark Higher is better	Description	Gemini Ultra	GPT-4 API numbers calculated where reported numbers were missing
General	MMLU	Representation of questions in 57 subjects (incl. STEM, humanities, and others)	90.0% CoT@32*	86.4% 5-shot (reported)
Reasoning	Big-Bench Hard	Diverse set of challenging tasks requiring multi-step reasoning	83.6% 3-shot	83.1% 3-shot (API)
	DROP	Reading comprehension (F1 Score)	82.4 Variable shots	80.9 3-shot (reported)
	HellaSwag	Commonsense reasoning for everyday tasks	87.8% 10-shot*	95.3% 10-shot* (reported)
Math	GSM8K	Basic arithmetic manipulations (incl. Grade School math problems)	94.4% maj1@32	92.0% 5-shot CoT (reported)
	MATH	Challenging math problems (incl. algebra, geometry, pre-calculus, and others)	53.2% 4-shot	52.9% 4-shot (API)
Code	HumanEval	Python code generation	74.4% 0-shot (IT)*	67.0% 0-shot* (reported)
	Natural2Code	Python code generation. New held out dataset HumanEval-like, not leaked on the web	74.9% 0-shot	73.9% 0-shot (API)

* See the technical report for details on performance with other methodologies

圖 4-1

　　在 X 平台上，也有網友實測對比了 Gemini 和 GPT-4 的能力。威斯康辛大學麥迪森分校的一位副教授提取了 Gemini 宣傳影片中的 14 道題目，包括物理數學題解答、圖像識別、邏輯推理、解釋笑話、如何理清中國親戚關係等等，並將其輸入 GPT-4。最終，GPT-4 在其中 12 道題上都與 Gemini 水準相當，但在一道資料影像處理題和數學題上略遜於Gemini。

其實，對於 Gemini，Google 推出了一共有三種大小的模型，第一個是 Ultra，也就是 Gemini 最強大的模型，適用於高度複雜的任務，Google 官方公佈的影片演示基本都是來自於 Ultra，第二大小的模型是 pro，是適用性最廣的一個模型，現在這個模型已經更新到了 Bard 上面。第三個模型是 Nano，這是一個小模型，用於終端計算的一個最高效的一個模型，可以用在手機這樣的設備上面。這也是 Google 這種大廠的優勢所在，它很容易就可以做到多端覆蓋，從大型的資料中心，到小型的手持設備。

但 Google 背水一戰推出 Gemini，也向市場釋放了一種訊號，那就是 OpenAI 的 GPT 已經不再是難以企及、獨一無二的存在了。

4.2.1 PaLM 2 是 Google 的回擊

如果 Google 不想失去其在蓬勃發展的人工智慧行業中的地位，必須要開發出能夠說服人們的 AI 產品 —— 而 PaLM 系列，就是 Google 給出的答案。

第一代 PaLM 早在 2022 年 4 月就已經推出，旨在提高使用多種語言、推理和編碼的能力。2023 年 5 月，在 Google 年度開發者大會 Google I/O 2023 上，Google 正式發佈新的通用大型語言模型 PaLM 2。PaLM 2 是一個在大量文本和程式碼資料集上訓練的神經網路模型。該模型能夠學習單詞和短語之間的關係，並可以利用這些知識執行各種任務。

PaLM 2 包含了 4 個不同參數的模型，包括壁虎（Gecko）、水獺（Otter）、野牛（Bison）和獨角獸（Unicorn），並在特定領域的資料上進行了微調，為企業客戶執行某些任務。其中，PaLM 2 最輕量版本

Gecko 小到可以在手機上運行，每秒可以處理 20 個 token，大約每秒 16 或 17 個單詞。

Google AI 研究實驗室 DeepMind 的副總裁 Zoubin Ghahramani 稱 PaLM2「比我們以前最先進的語言模型還好」，PaLM 2 使用 Google 定制的 AI 晶片，比初版 PaLM 的運行效率更高。PaLM 2 能使用 Fortran 等 20 多種程式設計語言，它還可以用 100 多種口頭語言。在專業語言熟練度考試中的表現，PaLM 2 的日語水準達到了 A 級，而 PaLM 達到了 F 級。PaLM 2 的法語水準達到了 C1 級。在 Google 發佈的技術報告裡，對於具有思維鏈 prompt 或自洽性的 MATH、GSM8K 和 MGSM 基準評估，PaLM 2 的部分結果超越了 GPT-4。同時，Google 也宣佈，升級 AI 聊天機器人 Bard，讓它改由 PaLM 2 驅動，以此來提供更高明的回復。

不僅如此，PaLM2 有一個基於健康資料訓練的版本 Med-PaLM 2，根據 Alphabet 的首席執行官皮查伊的說法，「Med-PaLM 2 與基本模型相比，減少了 9 倍的不準確推理，接近臨床醫生專家回答相同問題的表現」。皮查伊表示，Med-PaLM 2 已經成為第一個在醫療執照考試式問題上達到專家水準的語言模型，使其成為當前最先進的語言模型。

PaLM2 還有一個基於網路安全資料訓練的版本 Sec-PaLM 2，可以解釋潛在惡意腳本的行為，檢測到程式碼中的威脅。這兩種模型都將透過 Google 雲提供給特定客戶。這也是 Google 在大型語言模型的小型化上非常重要的進步。在雲端運行這種 AI，往往是很昂貴的，如果能在本地運行，無疑有著許多顯著優勢，比如隱私保護。

在 ChatGPT 爆發後，Google 一直被嘲在 AI 研究上已經落後於微軟，而 PaLM 2，無疑是 Google 的一次重要的回擊。

4.3 | 重新出發，迎頭趕上

今天，在大型語言模型領域，Google 正在迎頭趕上。在官方宣佈 Gemini 後，2024 年 2 月 1 日，Google 更新了 Gemini，增加多語言支援和文字生成圖片功能。2 月 8 日，Google 又推出了付費訂閱 Gemini Advanced 版本（Gemini1.0 Ultra），同時，將 Bard 正式更名為 Gemini。而這還只是一個開始，在短短一個月內，Google 還相繼發佈了 Gemini 的升級版 —— Gemini 1.5、開源模型 Gemma 和世界模型 Genie。

4.3.1 Gemini 1.5 發佈

就在大多數人還對 Gemini 的強大感到震撼時，2024 年 2 月 16 日，Gemini 的下一代大型語言模型 —— Gemini 1.5 pro，毫無預警地降臨了。這是一個中型的多模態模型，針對廣泛的任務進行了優化，與 Gemini 相比，Gemini 1.5 pro 除了性能顯著增強外，還在長篇幅的文章理解方面取得突破，甚至能僅靠提示詞學會一門訓練資料中沒有的新語言。此時距離 2023 年 12 月 Gemini 發佈，還不到 3 個月。

值得一提的是，Google 在發佈 Gemini1.5 pro 的 2 小時後，OpenAI 緊接著發佈了 Sora。Google 認為 Gemini 1.5pro 是個炸彈，結果 OpenAI 直接出了「王牌」。即便如此，Gemini 1.5pro 的威力也是不可忽視的，和 Sora 一樣，Gemini 1.5 Pro 也能夠跨模態進行高度複雜的理解和推理。

Google DeepMind 首席執行官戴米斯．哈薩比斯代表 Gemini 團隊發言，稱 Gemini 1.5pro 提供了顯著增強的性能，它代表了其方法的一個

步驟變化，建立在 Google 基礎模型開發和基礎設施的幾乎每個部分的研究和工程創新之上。

在上下文理解方面，AI 模型的「上下文視窗」由 tokens 組成，這些 tokens 是用於處理資訊的構建塊。上下文視窗越大，它在給定的提示中可接收和處理的資訊就越多，從而使其輸出更加一致、相關和有用。透過一系列機器學習創新，Google 將上下文視窗容量大幅增加，從 Gemini 1.0 最初的 32,000 個 tokens，增加到 Gemini 1.5 Pro 的 100 萬個 tokens。

此外，Gemini 1.5pro 還能夠對大量資訊進行複雜推理，其語言轉譯逼近人類水準。Gemini 1.5 Pro 可以在給定的提示符內無縫地分析、分類和總結大量內容。比如，當給它一份 402 頁的阿波羅 11 號登月任務的記錄時，它可以對檔案中的對話、事件和細節進行推理。

Gemini 1.5 Pro 甚至能執行影片的理解和推理任務。在 Google 的演示影片中，就展示了 Gemini 1.5 處理長影片的能力。Google 使用的影片是巴斯特・基頓（Buster Keaton）的 44 分鐘電影，共 696161 token。

演示中直接上傳了電影，並給了模型這樣的提示詞：「找到從人的口袋中取出一張紙的那一刻，並告訴我一些關於它的關鍵資訊以及時間碼。」隨後，模型立刻處理，輸入框旁邊帶有一個「計時器」即時記錄所耗時間。不到一分鐘，模型做出了回應，指出 12:01 的時候有個人從兜裡掏出了一張紙，內容是高盛典當經紀公司的一張當票，並且還給出了當票上的時間、成本等詳細資訊。經查證，確認模型給出的 12:01 這個時間點準確無誤。

對於 Gemini 1.5pro，在對文本、程式碼、圖像、音訊和影片的綜合評估面板上進行測試時，在用於開發大型語言模型的 87% 的基準測

試中，Gemini 1.5 Pro 優於 1.0 Pro。在相同的基準測試中，與 1.0 Ultra 相比，它的性能水準也大致相似。

Gemini 1.5 Pro 還展示了令人印象深刻的「情境學習」技能，可以從長時間提示的資訊中學習新技能，而無需額外的微調。Google 在 MTOB（Machine Translation from One Book）基準上測試了這項技能，它顯示了模型從以前從未見過的資訊中學習的效果。特別是針對稀有語言，比如英語與卡拉曼語的互譯，Gemini 1.5 Pro 實現了遠超 GPT-4 Turbo、Claude 2.1 等大型語言模型的測試成績，水準與人從相同內容中學習英語的水準相似。

在 Gemini 1.5 發佈三個月後，5 月 15 日，Google 又在 2024 年度 I/O 開發者大會上再一次推出了升級版的 Gemini 系列 —— Gemini Flash 1.5 模型。

Gemini Flash 1.5 的主要特點在於其輕巧、快速和高性價比。透過採用先進的模型壓縮技術，Gemini Flash 在保持模型體積小巧的同時，實現了極快的運行速度，並降低了成本，使其成為預算有限使用者的理想選擇。無論是初創企業還是大規模公司，都能夠利用這一模型的高效性能，優化他們的資料處理流程。

一個突破性的特性是 Gemini Flash 1.5 的百萬級超長文章窗口。這個特性使得模型能夠理解更長、更複雜的輸入，例如一小時的影片、11 小時的音訊、超過 30,000 行程式碼的程式庫，或超過 700,000 個單詞的文本。這種能力不僅提升了模型的上下文理解力，還使其能夠執行更加複雜的任務，在各種應用場景中表現出色。

此外，Gemini Flash 1.5 的多模態推理能力也是其一大亮點。它能夠理解和推理跨越文本、圖像、音訊和影片等多種模態的資料，使其在

圖像描述、影片問答和跨模態檢索等任務中表現出色。無論是生成詳細的圖像描述，還是回答複雜的影片相關問題，Gemini Flash 1.5 都展現出強大的處理能力和準確性。

Google 表示，在 2024 年夏季將擴展 Gemini 的多模態功能，包括增加用語音進行深入雙向對話的能力，該功能被稱為 Live。透過 Gemini Live，用戶可以與 Gemini 交談，並可以從各種自然的聲音中選擇它回應的聲音。用戶甚至可以按照自己的節奏說話，或者在回答過程中打斷並澄清問題，就像在和任何人類對話中一樣。

4.3.2　開源模型 Gemma

在 Gemini 1.5pro 發佈不到一周後，Google 又推出了全新的開源模型系列「Gemma」。相比 Gemini，Gemma 更加輕量，同時保持免費可用，模型權重也一併開源了，且允許商用。

此次發佈的 Gemma 包含兩種權重規模的模型，分別是 20 億參數和 70 億參數，並提供預訓練以及針對對話、指令遵循、有用性和安全性微調的 checkpoint。其中 70 億參數的模型用於 GPU 和 TPU 上的高效部署和開發，20 億參數的模型用於 CPU 和端側應用程式。不同的尺寸滿足不同的計算限制、應用程式和開發人員要求。Gemma 在 18 個基於文本的任務中的 11 個上優於相似參數規模的開放模型，例如問答、常識推理、數學和科學、編碼等任務。

想使用 Gemma 的人可以透過 Kaggle、Google 的 Colab Notebook 或透過 Google Cloud 訪問。當然，Gemma 也第一時間上線了 HuggingFace 和 HuggingChat，每個人都能試一下其生成能力。

　　儘管體量較小，但 Google 表示 Gemma 模型已經「在關鍵基準測試中明顯超越了更大的模型」，在 Google 發佈的一份技術報告中，該公司將 Gemma 70 億參數模型與 Llama 2 70 億參數、Llama 2 130 億參數以及 Mistral 70 億參數幾個模型進行不同維度的比較，在問答、推理、數學／科學、程式碼等基準測試方面，Gemma 的得分均勝出競爭對手。

　　而且 Gemma 還「能夠直接在開發人員的筆記型電腦或臺式電腦上運行」。除了羽量級模型之外，Google 還推出了鼓勵協作的工具以及負責任地使用這些模型的指南。NVIDIA 在 Gemma 大型語言模型發佈時表示，已與 Google 合作，確保 Gemma 模型在其晶片上順利運行。NVIDIA 還稱，很快將開發與 Gemma 配合使用的聊天機器人軟體。

　　Google 表示，Gemma 採用了與構建 Gemini 模型相同的研究和技術。不過，Gemma 直接打入開源生態系統的出場方式，與 Gemini 截然不同。對於 Gemini 模型來說，雖然開發者可以在 Gemini 的基礎上進行開發，但要麼透過 API，要麼在 Google 的 Vertex AI 平台上進行開發，被認為是一種封閉的模式。與同為閉源路線的 OpenAI 相比，未見優勢。但藉助 Gemma 的開源，Google 或許能夠吸引更多的人使用自己的 AI 模型。

　　在開源模型的同時，Google 還公佈了有關 Gemma 的性能、資料集組成和建模方法的詳細資訊的技術報告。技術報告也體現了 Gemma 的洗滌品亮點，比如 Gemma 支持的詞彙表大小達到了 256K，這意謂著它對英語之外的其他語言能夠更好、更快地提供支援。

　　可以說，Gemma 作為一個羽量級的 SOTA 開放模型系列，在語言理解、推理和安全方面都表現出了強勁的性能。

不過，在 Gemma 開放給用戶後，沒過幾天，就有各類的問題出現，包括但不限於：記憶體佔用率過高、莫名卡頓以及種族偏見，特別是種族偏見的問題。

事實上，在 Gemma 之前，Gemini 上線還沒一個月，Gemini 的文字生成圖片功能就因「反白人」而下線了 —— Gemini 生成的美國開國元勳、北歐海盜以及教皇，涵蓋了印第安人、亞洲人、黑人等人種，就是沒有白人。推特用戶 Deedy 讓 Gemini 分別生成澳大利亞、美國、英國和德國的女人形象，只有德國出現了明顯的白人特徵，美國則是全員黑人。一時間風起雲湧，馬斯克甚至親自貼梗圖挪揄 Geminni 把陰謀論變成了現實。於是，Google 官方發文致歉，說 Gemini 生圖功能基於 Imagen 2 模型，當它被整合到 Gemini 裡的時候，公司出於對安全因素的考量和一些可預期的「陷阱」對其進行了調整。

這其實也讓我們看到 Google 的急迫 —— Google 急切地想重新在人工智慧領域證明自己的實力，以至於接連發佈了這麼多大型語言模型，但每次發佈都難以逃脫翻車的命運。畢竟，在這個技術更迭越來越快的科技時代，即便是 Google 這樣的科技巨頭都生怕被這個快速發展的人工智慧時代給丟在後面。

4.3.3 世界模型 Genie

愈戰愈勇 Google 並沒因翻車停止攀登 AI 高峰，在 2 月 26 日，Google 又在 DeepMind 官網更新了一篇世界模型 Genie 的論文。

這款名為 Genie 的新模型可以接受簡短的文字描述、手繪草圖或圖片，並將其變成一款可玩的電子遊戲，遊戲風格類似於超級瑪利歐等經典的 2D 平台遊戲。但遊戲的幀數慘不忍睹，只能以每秒一幀的速度運行，而大多數現代遊戲通常是每秒 30 到 60 幀。

　　Genie 使用的訓練資料來自於網路上找的數百款 2D 平台遊戲影片，總時長 3 萬小時。加拿大阿爾伯塔大學的人工智慧研究員馬修‧古茲戴爾（Matthew Guzdial）表示，其他人以前也採取過這種方法。2020年，NVIDIA 使用影片資料訓練了一個名為 GameGAN 的模型，可以生成與小精靈風格類似的遊戲。不過，GameGAN 的訓練方法需要將影片片段與控制器上的輸入動作（如按鍵記錄）相匹配，這需要大量的工作量來標記資料，限制了可用的訓練資料量。

　　相比之下，Genie 採用了一種更加簡化和創新的方法。它僅使用影片資料進行訓練，不需要輸入動作的標記。透過分析影片中的遊戲角色如何在八個可能的動作（如跳躍、左移、右移等）中進行位置變化，Genie 學會了如何根據玩家的指令動態生成遊戲的每個新幀。這種方法大幅擴展了可用的訓練資料量，因為網際網路上有無數的遊戲影片可以轉化為潛在的訓練資料。

　　Genie 能夠根據玩家的動作動態生成遊戲畫面。按下跳躍鍵，Genie 就會更新圖像顯示遊戲角色跳躍；按下左鍵，圖像就會顯示角色向左移動。遊戲是逐幀生成的，每個新幀都是在玩家輸入指令時從零生成的。這種逐幀生成的方式雖然目前在幀數上還不夠理想，但展示了 AI 在遊戲生成領域的巨大潛力。

　　儘管 Genie 目前只是一個內部研究專案，尚未向公眾發佈，但 Google 的 DeepMind 團隊表示，未來它可能會變成一個強大的遊戲製作工具。這樣的工具將大幅降低遊戲開發的門檻，使得更多的人可以參與到遊戲創作中來，甚至無需程式設計經驗。想像一下，一個普通用戶只需要提供簡短的描述或簡單的草圖，Genie 就可以為其生成一個完整的電子遊戲。這種工具將為遊戲開發注入新的活力，激發無數創作者的靈感和創意。

不僅如此，Genie 還可能成為一種新的表達創意的方式。透過 Genie，人們可以輕鬆地將自己的想法和故事轉化為互動的電子遊戲，從而創造出更加豐富和多樣的數位內容。無論是教育、娛樂還是藝術創作，Genie 都有潛力帶來深遠的影響。

4.3.4　AI 助理 Project Astra

在 2024 年 5 月 OpenAI 推出能夠實現人類級別回應的智慧助理 GPT-4o 後，Google 的萬能 AI 助理 Project Astra 也重磅登場。

Project Astra 由升級後 Gemini 模型驅動，可以透過連續編碼影片幀、將影片和語音輸入組合到事件時間線中以實現更快地處理資訊。透過語音模型，Google 也強化了智慧助理的說話能力，讓其能夠給出更快速的回應。

在演示影片中，Astra 能夠透過手機鏡頭或智慧眼鏡獲取的內容來分析並回應語音命令。這種多模態的對話模式使得 Astra 能夠在各種場景中提供智慧支持和幫助。比如，當使用者透過手機鏡頭掃描一段程式碼時，Astra 能夠立即識別出程式碼序列並進行分析，提供詳細的註釋和改進建議。Astra 還展示了在複雜技術領域中的應用潛力。在演示中，Astra 成功地識別並分析了電路圖，提出了改進建議。這對於工程師和技術人員來說，無疑是一個強大的工具，能夠在設計和調試過程中提供實質性的幫助，縮短研發週期，提高產品品質。

Project Astra 的推出，標誌著 Google 在人工智慧助理領域邁出了重要的一步，Astra 不僅具備強大的語言理解和生成能力，還透過多模態對話模式，實現了對視覺、語音等多種輸入的綜合分析和回應。這種全方位的智慧互動，極大地提升了使用者體驗，使得 AI 助理在更多實際場景中得以應用。

　　皮查伊表示，Google 計畫從今年開始將 Astra 的功能添加到其 Gemini 應用程式及其產品中。不過，他也強調，雖然最終目標是「讓 Astra 在公司的軟體中實現無縫連接」，但該產品將被謹慎推出，並且「商業化之路將由品質驅動」。

4.3.5　文字生成影片模型 Veo

　　在 2024 年 5 月的 Google I/O 大會上，Google 為了與 Sora 競爭，還發佈了最新的文本轉影片模型 Veo。這一創新模型能夠以多種風格製作高品質的 1080p 影片，展示了 Google 在影片生成技術領域的重大進展。Veo 不僅具備強大的理解電影概念的能力，例如「延時攝影」和「空中攝影」，還能忠實地實現電影製作者的創意願景。

　　Veo 的一個顯著特點是它能夠準確捕捉創作者的指令，同時保持影片序列之間的真實性和連貫性。這一能力使得 Veo 能夠生成高品質且一致的視覺內容，滿足專業電影製作的需求。

　　像 Sora 一樣，Veo 對物理有一定的理解，包括流體動力學和重力等，這些知識有助於它生成更具真實感的影片效果。透過這種對物理現象的理解，Veo 可以生成高度逼真的影片場景，從而為觀眾提供更為沉浸的觀看體驗。

　　為了展示 Veo 的強大功能和實際應用潛力，Google 還與著名電影製作人唐納德·格洛弗及其創意工作室 Gilga 展開了合作。他們的聯合專案不僅展現了 Veo 在專業電影製作中的巨大潛力，也預示著人工智慧將在未來的創意過程中扮演越來越重要的角色。透過這一合作，Veo 展示了其在創意領域的廣泛應用前景，吸引了大量電影製作人和創意工作者的關注。

目前，Google 已邀請部分創作者參與 Veo 的體驗，並在 VideoFX 中探索其功能。這些創作者將能夠使用 Veo 生成各種風格的影片內容，從而更好地理解和利用這一先進工具的潛力。Google 希望透過這一舉措，不僅能獲得用戶的回饋和建議，還能進一步完善和優化 Veo，以更好地滿足用戶的需求。

4.4 垂直領域的領先方案

雖然在通用大型語言模型領域，Google 的風頭並不如 OpenAI，但是，憑藉多年在 AI 領域的深耕，Google 依然在垂直領域成功獲得了優勢。

4.4.1 Google 大型語言模型落地醫療

Google 在醫療領域深耕已久，而自從 ChatGPT 帶起了大型語言模型後，最快將大型語言模型垂直到醫療領域，開發出醫療大型語言模型的則是 Google。

事實上，早在 2022 年，Google 開發的 Med-PaLM 模型就因通過了美國醫療執照考試（USMLE）而成為頭條新聞（準確率為 67%）。

美國醫療執照考試以高難度著稱，它要求考生不僅要有深厚的醫學知識，還需具備出色的臨床判斷能力。考試包括多個部分，涵蓋了從基礎生物醫學科學到臨床知識的廣泛領域。一個 AI 模型能夠在這樣的考試中取得高分，無疑證明了其在理解和處理複雜醫學資訊方面的強大能力。

　　2023 年，Med-PaLM 模型的迭代版本 —— Med-PaLM 2 進一步將準確率大幅提升至 86.5%，比第一代 Med-PaLM 的最佳結果提高了 19%。根據 Google 的說法，該分數相當於「專家」醫生水準。

　　當然，Google 沒有止步於 Med-PaLM 系列，在 2023 年 12 月，Google 又推出了新的醫療大型語言模型 —— MedLM。MedLM 模型基於 Med-PaLM 2，Med-PaLM 2 是 Google 進軍醫療人工智慧大型語言模型的第二次嘗試。MedLM 模型有兩個版本，其用途之間的差異在於，第一個 MedLM 模型更大，專為複雜任務設計。第二個是中等模型，能夠進行微調，最適合跨任務擴展。

　　Google 表示，MedLM 旨在用於整個醫療保健行業的各個方面，包括醫院、藥物開發、面向患者的聊天機器人等。比如，美國醫療保健巨頭 HCA Healthcare 正在將 MedLM 模型用於記錄臨床醫生與患者之間的對話，並將其自動轉譯為醫療記錄，從而提高記錄的品質。AI 藥物發現平台 BenchSci 正在使用 MedLM 模型快速篩選大量臨床資料並識別某些疾病和生物標誌物之間的聯繫。

　　目前，MedLM 模型已經可以透過公司的 Vertex AI 平台向美國 Google 雲客戶提供，該平台使用機器學習工作流來指導用戶透過訓練、評估和部署生成式人工智慧模型的過程。與此同時，美國以外的某些市場可以「預覽」這些工具。

　　這還沒結束，2024 年 5 月，Google 又發佈了 Med-Gemini 模型。基於 Gemini 1.0 和 1.5 的核心優勢，Med-Gemini 旨在為醫學提供專門的多模態解決方案。Med-Gemini 模型在 14 個醫學基準測試上進行了評估，其中包括文本、多模態和長文本應用，在 10 個測試中設立了新的最高標準。特別是在 MedQA（USMLE）基準測試上，Med-Gemini 模

型透過採用新的不確定性引導搜尋策略，實現了 91.1% 的準確率，超越了先前的最佳模型 Med-PaLM 2。此外，Med-Gemini 在實際應用中表現出色，不僅在醫學文本總結和轉介信生成中超越了人類專家，還在多模態醫學對話和醫學研究領域顯示出巨大潛力。

Med-Gemini 在很多臨床科室都顯示出應用的潛力。在放射科，利用 Med-Gemini 的圖像理解能力，Med-Gemini 可用於輔助放射科醫生解讀各種醫學影像，比如 X 光、CT 和 MRI，其能夠對圖像進行深入分析，輔助診斷疾病，包括肺炎、骨折等。在病理科中，Med-Gemini 可幫助病理醫生分析組織切片圖像，進行疾病診斷，透過分析組織的微觀結構，輔助識別癌症等疾病。在心血管科，Med-Gemini 透過處理和分析心電圖（ECG）等心血管資料，支援心血管科醫生在診斷心律失常、心肌梗塞等心血管疾病中的決策。在神經科，Med-Gemini 能夠幫助診斷諸如帕金森氏症、阿茲海默症等神經退行性疾病，透過分析患者的詳細病史和神經影像資料。在急診科，Med-Gemini 能夠快速處理並理解複雜的臨床情況，提供決策支援，這包括從病人的症狀、實驗室檢查結果到醫學影像的綜合分析。對於廣泛的內科疾病，Med-Gemini 可以利用其長文本理解能力，分析病人的健康記錄，提供基於歷史資訊的診斷支援。

在家庭醫學領域，Med-Gemini 可以輔助醫生管理慢性疾病患者，透過長期的健康記錄分析，提供個性化的健康管理建議。Med-Gemini 還可以分析手術影片，輔助外科醫生進行手術規劃和風險評估。此外，模型還能透過分析手術中的關鍵視圖（如膽囊切除術中的安全視圖）來提高手術安全性。

不僅如此，Med-Gemini 也可以支持輸出多篇文獻，綜合分析所需要的各種結果內容。在 Google 的公開示例中，Med-Gemini-M 1.5 已經

展示了其在處理和分析大量科學文獻、綜合關鍵科學資訊、準確描述複雜生物學概念以及提供支援性實驗結果方面的卓越能力。

不過，儘管 Med-Gemini 在多個對比測試中表現優異，但在將這些模型部署到現實世界中之前，還需要進行嚴格的評估。但 Google 的一系列醫療大型語言模型已經成為了大型語言模型應用於醫療領域的良好的開始，它們展示了 Gemini 內在多模態技術在醫學領域的廣泛潛能。這些模型有望極大增強臨床醫生和患者的決策能力，引領醫療保健進入一個更加智慧、高效的時代。

4.4.2　Google AI 的應用實踐

當然，將大型語言模型與醫療領域結合，進而開發出醫療大型語言模型，只是 Google 在大型語言模型領域中的一部分嘗試。2023 年以來，除了醫療領域，Google 的大型語言模型還在氣象預測、科學研究、數學解題等多個領域大顯身手。

GraphCast：用更先進的手段預測天氣變化

氣候暖化的加劇，讓當前的極端天氣越來越多。面對這樣的情況，就連天氣預報也有點力不從心。在這樣的背景下，2023 年 11 月，Google DeepMind 推出了天氣預測大型語言模型 —— GraphCast，可以高精度預測出未來 10 天的全球天氣。

當前的天氣預報的技術原理大多數都是數值天氣預報（NWP），這種傳統的方法，需要研究人員先定義物理方程，然後將其轉化為在超級電腦上運行的電腦演算法。這種方法的缺點，就是設計方程和演算法非常耗時，需要深厚的專業知識和昂貴的計算資源，才能做出準確的預測。

舉個例子，我想要知道明天上海的溫度，首先，我需要知道熱傳遞方程，這種方程能夠描述溫度是怎麼在大氣中傳遞的，然後，將熱傳遞方程轉化為數值格式，劃分地區為小格子。我還需要知道今天上海的初始溫度和大氣狀況，並設置地區的邊界條件。隨後，電腦透過迭代求解數值方程，模擬未來一天內上海溫度的演變，最後，輸出結果。但這個過程就太漫長，也太昂貴了。

而 GraphCast 提供了一種區別於傳統路徑的方法：透過資料，而不是物理方程來創建天氣預報系統。GraphCast 只需要兩組資料作為輸入，6 小時前的天氣狀態和當前的天氣狀態，並預測未來 6 小時的天氣。然後，該過程可以以 6 小時為增量向前滾動，最多可以提前 10 天提供最先進的預測。

研究發現，與行業黃金標準天氣模擬系統 —— 高解析度預報（HRES）相比，GraphCast 在 1380 個測試變數中準確預測超過 90%。雖然 GraphCast 沒有經過捕捉惡劣天氣事件的訓練，但還是能比傳統預報模型更早地識別出惡劣天氣事件。並且，GraphCast 還可以預測未來氣旋的潛在路徑，比以前的方法要早 3 天。它還可以識別與洪水風險相關的大氣河流，並預測極端溫度的開始。

目前，GraphCast 模型的原始程式碼已經全部開放，從而讓世界各地的科學家和預報員可以造福全球數十億人。對此，Google DeepMind 表示，它們的研究不僅僅是預測天氣，而是瞭解更廣泛的氣候模式。透過開發新工具和加速研究，希望 AI 能夠幫助國際社會應對我們面臨的最大環境挑戰。

GNoME：材料發現大型語言模型，領先人類 800 年

就 在 Google DeepMind 發 佈 GraphCast 的 同 一 個 月，Google DeepMind 還開發出了材料發現大型語言模型 —— GNoME，能夠預測新材料的穩定性，大幅提高了發現新材料的速度和效率。

從電腦晶片、電池到太陽能電池板，都離不開結構穩定的無機晶體（inorganic crystals）。在過去，發現或者研發一種全新的穩定的無機晶體，往往需要長達數月的艱苦實驗。但藉助 GNoME，科學研究人員在短時間內就發現了 220 萬種新晶體 —— 相當於人類科學家近 800 年的知識積累，其中 38 萬種新晶體具備穩定的結構，成為最有可能透過實驗合成並投入使用的潛在新材料。

GNoME 全稱 Graph Networks for Materials Exploration，它使用深度學習從新材料的化學組成中找出其結構和特徵。

具體來看，傳統上，尋找新材料往往需要科學家們花費數年時間混合和測試不同的元素，以找到具有他們想要的特性的正確的材料，大多數時候，即使科學家們找到了有效的材料，也可能不明白為什麼或如何讓它變得更好。但 GNoME 有望改變遊戲規則，它會查看我們已有的所有材料資訊，並使用這些資訊來預測新材料。它可以快速告訴我們某種材料是否穩定、創建它所需的能量及其結構。GNoME 可以在短短幾個小時內對數百萬種材料進行分析，通常需要數年時間才能完成。

GNoME 主要透過兩種模型來預測和分析材料的特性。首先是 GNoME Stability 模型，它透過圖神經網路來預測不同材料成分組合的穩定性。比如，輸入鐵和氧，這個模型能夠評估它們能否組成一個穩定的化合物。這種網路將材料視為一個由原子節點和它們之間的鍵

所構成的複雜網路。第二個模型是 GNoME Decomposition，GNoME Decomposition 專注於計算材料分解所需的能量。比如，對於氧化鐵，這個模型能夠估算將其分解為鐵和氧所需要消耗的能量。它使用的是 Transformer 網路，這種網路擅長處理序列化的文本資料，用來分析材料成分的組合順序。這些模型使 GNoME 能夠評估從簡單到複雜的各種材料，並根據其穩定性和分解能，幫助識別最有希望進行進一步研究的材料。

在 GNoME 預測的新的穩定結構中，有 736 種是和其他科學家獨立發現的穩定材料是一致的，說明新發現的材料是客觀真實的。可以說，GNoME 為材料科學家提供了以前未能夠實現的建模能力，在廣泛的應用範圍內，GNoME 將從根本上加速材料的發現。

FunSearch：大型語言模型攻佔數學難題

大型語言模型幾乎無所不能，但大型語言模型也並非全知全能，事實上，在發現全新知識方面，大型語言模型就有些捉襟見肘，因為大型語言模型的「機器幻覺」問題由來已久，用大型語言模型去找到一些「可驗證」的正確新發現是很有挑戰的，特別是在數學領域。但是，就在 2023 年 12 月，Google DeepMind 宣佈，它們實現了數學大型語言模型領域的重要突破，其發佈的 FunSearch 針對諸多歷史上經典數學難題給出了新的解法，能力超越了人類數學家，相關研究也已經登上 Nature。

FunSearch 是一種基於大型語言模型來解決數學問題的新方法。從工作原理上來看，FunSearch 是將一個預訓練的大型模型與一個自動評估器結合使用。其中，大型模型不僅僅處理資訊，它還被訓練去以電腦

程式碼的形式創造出解決方案。而自動評估器的角色是檢查這些解決方案，確保它們不僅創新而且準確無誤，避免了所謂的「幻覺」。透過這兩部分的相互作用，FunSearch 能夠不斷地優化初步的解答，逐漸形成可靠的新知識。

再簡單一點來說，FunSearch 其實就是使用了兩個工具：一個是它自己的「大腦」，即一個預先訓練好的大型模型，這個「大腦」被教會了如何找出解決數學問題的新方法；另一個工具是一個叫做「評估器」的程式，它的任務是檢查 FunSearch 的「大腦」提出的解決方案，確保這些方案既創新又正確。透過這兩個工具的合作，FunSearch 不斷改進它的答案，直到找到真正有效的解決方法。

FunSearch 已經在兩個歷史經典數學難題中證明了其成功。

首先，FunSearch 解決的是帽子集問題，這個問題在數學界已經存在了幾十年，並作為一個開放性問題，挑戰著全球的數學家。帽子集問題涉及到在一個高維網格中尋找一個最大的點集，這個點集被稱為「帽集」。在這個網格中，任何三個點都不可以處於同一直線上。要手工解決這個問題幾乎是不可能的，因為涉及的可能性數量非常龐大，甚至超過了宇宙中原子的總數。想像一個，你需要在一個巨大的網格上放置一些帽子。遊戲的規則是不能讓任何三頂帽子排成一直線。這個問題之所以困難，是因為這個網格非常大，放帽子的方式非常多。

面對這一問題，FunSearch 透過其進階的演算法生成了一系列程式，這些程式提供了解決方案。在某些設定下，FunSearch 找到了有史以來最大的帽集，這標誌著過去 20 年間帽集問題上限規模的最大增加。這一成就不僅展示了 FunSearch 在解決組合問題上的優越性，還表明它能夠找到超越傳統方法的新解法。在這種情況下，FunSearch 的表

現甚至超過了目前最先進的計算求解器，因為這些計算求解器的處理能力已經無法與 FunSearch 相比。

除了帽子集問題，研究人員還利用 FunSearch 嘗試解決了另一個廣為人知的複雜挑戰 —— 「裝箱」問題，藉此來探索 FunSearch 的靈活性。裝箱問題本質上是一個優化問題，簡單來說，「裝箱」問題就是如何將不同大小的物品打包到最少數量的箱子中，這其實是很多實際問題的核心，從集裝箱裝卸到資料中心分配計算任務，如何最小化成本等等。雖然裝箱跟帽子集問題有很大不同，但研究人員使用 FunSearch 來解決這個問題依然很容易。透過智慧演算法，FunSearch 優化了打包過程，使得使用的箱子數量比傳統的最佳適應（Best-fit heuristic）方法更少，從而顯著減少了空間浪費和潛在成本。這一成就不僅展示了 FunSearch 在處理實際問題上的實用性，也證明了它在適應不同類型問題上的廣泛能力。

並且，最重要的是，FunSearch 給出的解法並不是一個「黑箱」，而是一個解決問題的程式，也就是說，FunSearch 是真正的「授之以漁」，這對於科學家們來說是極為重要的突破。FunSearch 的突破意謂著 —— 人類歷史上第一次用大型語言模型對科學或數學中具有挑戰性的開放性問題給出了新的發現或解法。

AlphaFold 3：徹底改變 AI 生物學

2024 年 5 月 8 日晚，Google DeepMind 和 Google 旗下藥物發現子公司 Isomorphic Labs 聯合發佈了其生物學預測模型 AlphaFold 的最新版本 —— AlphaFold 3。這是在 AlphaFold 2 發佈三年後，Google 在 AI 生物學領域的又一次突破，相關成果已發表在《Nature》上。

在前面的章節，我已經介紹過 AlphaFold 系列，現在再來回顧一下前兩代的 AlphaFold：2018 年，Google DeepMind 推出了首個蛋白質結構預測模型 AlphaFold，並在國際蛋白質結構預測競賽中獲得第一名。2020 年，DeepMind 發佈了 AlphaFold 軟體的第二個版本，AlphaFold 2 整合了一個子網路系統到單一的可微模型中，應用 Transformer 來預測基於氨基酸序列的複雜 3D 結構。

在 2020 年的 CASP14，AlphaFold 2 脫穎而出，預測精確到原子精度，即使對於缺乏範本的蛋白質，它也能在幾分鐘內產生出色的結果。2021 年，DeepMind 發佈了 AlphaFold 蛋白質結構資料庫，與歐洲分子生物學實驗室的歐洲生物資訊學研究所（EMBL-EBI）合作創建，為全球研究人員提供了數百萬預測的蛋白質結構。如今，全球已有數百萬研究人員將 AlphaFold 2 應用在瘧疾疫苗、癌症治療和酶設計等領域。AlphaFold 已被引用超過 20000 次，其科學影響力透過許多獎項得到了認可，比如生命科學突破獎（Breakthrough Prize in Life Sciences Awarded），之後發佈的 AlphaFold-Multimer 則推動了對蛋白質 - 蛋白質複合物的預測。

可以說，不管是 AlphaFold1 還是 AlphaFold2，對於生命科學的研究，都是意義重大的，但 AlphaFold 3 再次給了人們一個巨大驚喜。

與前代相比，AlphaFold 3 不僅可以預測蛋白質的結構，還可以預測生物生命中幾乎所有元素（DNA、RNA、配體等）的結構，並且可以準確預測蛋白質與其他分子的相互作用。與現有的預測方法相比，AlphaFold 3 發現蛋白質與其他分子類型的相互作用至少提高了 50%，對於一些重要的相互作用類別，如蛋白質與配體的結合、以及抗體與其靶蛋白的結合等，預測準確率甚至提高了一倍。比如，在一個案例裡，

AlphaFold 3 預測了一個蛋白質如何緊密擁抱，而且這個預測幾乎和科學家辛苦實驗發現的真實樣子一模一樣。

AlphaFold 3 的工作方式很簡單，你給它一份分子名單，它就能畫出這些分子怎麼拼在一起的立體圖像。不管是蛋白質、DNA 還是 RNA 這樣的大塊頭，還是藥物小分子這樣的小配件，它都能畫出。這種能力在藥物研發中尤為重要，很多藥物就是透過這些小分子和特定大分子的相互作用來治病的。

要知道，傳統的藥物研發之所以流程耗時且成本高昂，就是因為需要透過實驗方法來確定目標蛋白質的結構，然後再設計能夠與之相互作用的小分子藥物。但現在，AlphaFold 3 能夠迅速準確地預測目標蛋白和潛在藥物分子之間的精確結合方式，這不僅加速了藥物的設計過程，也大幅降低了開發新藥的時間和成本。比如，對於癌症、阿茲海默症等複雜疾病，AlphaFold 3 能夠揭示藥物分子如何與病理狀態下的蛋白質或其它關鍵分子結合，從而幫助科學家設計出能夠精確調控疾病相關生物路徑的藥物。

除了單一分子的結構預測，AlphaFold 3 還能模擬多種分子間的複雜相互作用。這對於理解複雜疾病的生物機制非常重要，因為許多疾病都涉及多個分子和訊號傳遞途徑。透過精確模擬這些相互作用，AlphaFold 3 有助於科學家發現新的治療靶點，以及設計能夠同時影響多個生物分子的藥物，為複雜疾病的治療提供新策略。不僅如此，AlphaFold 3 還能模擬這些分子的化學修飾，比如磷酸化、甲基化等，這些細胞一旦受到破壞就會導致疾病。研究團隊表示，其預測準確度無人能敵，而且作為全能選手，它能一次性計算出整個分子團隊的行動策略。

可以說，AlphaFold 3 不僅代表著 Google 在 AI 領域的巨大突破，也為生物醫藥領域帶來了前所未有的機遇。我們對生物世界和藥物發現的認識，可能從此會被 AlphaFold 3 徹底改變。

4.5 痼疾和優勢，Google 的未來？

回顧近十年 Google 在 AI 上的投入和成果，很難不讓人唏噓 —— Google 曾掀起和引領了上一波 AI 浪潮，今天矽谷的 AI 公司，幾乎都有 Google 的影子。GPT 技術中的 T 指的正是 Transformer 語言處理架構，而這項技術就來自於 Google Brain 團隊在 2017 年發佈的論文《Attention is all you need》。

即便 Google 在 AI 領域再怎麼風光，都不可否認，在這一次，面對 ChatGPT 掀起的大型語言模型浪潮時，Google 確實失利了。

事實上，Google 曾經也有機會走 ChatGPT 的這條路，因為在聊天機器人領域，Google 並非處於下風。早在 2021 年 5 月，Google 的人工智慧系統 LaMDA 一亮相就驚豔了眾人。在 2022 年 6 月，Google 的工程師 Blake Lemoine 還聲稱和 LaMDA 聊出了感情，並堅信它不僅已經有了八歲孩子的智力，而且是「有意識的」。

但可惜的是，Google 最終並沒有選擇這條路，這不難理解，一方面，長期以來，Google 堅持的就是，使用機器學習來改進搜尋引擎，並提供 Google 雲技術作為服務。畢竟，Google 最核心的商業模式是在搜尋結果中展示廣告，對話式機器人的出現會改變使用者獲取資訊的

方式，到時如何繼續維持廣告收入就是 Google 需要面臨的問題。在沒有外部壓力，且主營業務還運行良好的情況下，Google 沒有動力尋求改變。

另一方面，則是因為 Google 擔心由於 AI 聊天機器人還不夠成熟，可能會犯一些錯誤而給 Google 帶來「聲譽風險」。作為一家全球用戶幾十億的大公司，Google 的一舉一動都會產生巨大的影響。相比於激進地攻城掠地，不犯錯往往才是最穩妥的策略。微軟可以直接將 ChatGPT 加入 Bing 中，因為它的全球市場佔有率僅有 2.8% 左右。但是 Google 搜尋常年佔據了 90% 以上的市場佔有率，AI 倫理方面的問題迫使 Google 不敢犯錯。

Google 的前產品經理 Gaurav Nemade 曾向《華爾街日報》透露：「Google 顧慮很多，非常害怕公司聲譽受損。他們傾向於保守主義。」在 Google 內部，有一個中央審查小組，這個團隊的成員包括用戶研究人員、社會科學家、技術專家、倫理學家、人權專家、政策和隱私顧問、法律專家。對於任何 Google 的產品，他們都會按照 Google 制定的人工智慧準則評審，以把倫理問題降到最低。

於是，在猶豫之下，最終的結果，就是 Google 也沒料到 ChatGPT 這樣的大型語言模型，在商業上帶來的會是一種顛覆性的創新。

可以說，Google 所面臨的問題並不在技術本身，而是所有巨頭企業危機時期共同的問題，那就是革自己命的勇氣。

但總而言之，不論如何，技術的浪潮都已經把 Google 推向了抉擇的關口 —— 由於現有業務的規律、佔有率與營收等因素，佔據傳統搜尋巨大體量的 Google，在今天卻也阻礙了 Google 的前行。不論 Google 是否變革自己的傳統搜尋業務，都會給其業務營收帶來影響。

那 Google 會輸掉這場 AI 戰爭嗎？其實還很難講。因為 Google 依舊是這個星球上 AI 技術積累最深厚的公司。以資料來說，訓練大型語言模型需要大量資料。Google 在全球擁有幾十億用戶，透過 Youtube、Google Map、搜尋、Gmail 積累了大量資料，這是 OpenAI 這種初創公司所不具備的。並且，從醫療大型語言模型到氣象大型語言模型、數學大型語言模型，再到 AlphaFold 系列，在多個具體的技術應用領域，Google 依然展示了其在 AI 領域的領導地位。

顯然，在人工智慧領域，Google 的成績並不輸於任何一家科技巨頭 —— 儘管在新一輪人工智慧浪潮中，Google 面臨著更多的挑戰，但有時候，挑戰也是一種機遇。

Note

5

Meta：從元宇宙到大型語言模型

5.1 放棄元宇宙，Meta 的翻盤

2024 年初，Meta 迎來了屬於自己的高光時刻 —— 2024 年 2 月，Meta 重回萬億美元市值，創下美股歷史最高單日漲幅紀錄。截止 2 月 2 日收盤時，Meta 股價一天內暴漲逾 20%，市值更是飆升 2045 億美元，相當於一夜漲出了一個阿里巴巴。馬克・祖克柏本人的總資產值也達到 1400 億美元，一天之內激增約 280 億。

要知道，在 2023 年初，外界對 Meta 的討論還是字節跳動能否超越 Meta，張一鳴有沒有機會逆襲馬克・祖克柏。僅僅只過了一年，事情就發生了兩極反轉 —— Meta 拿出了史上最強財報，完成了逆襲。Meta 股價強勁上漲的背後，最核心的原因就在於 Meta 放棄了元宇宙而轉向大型語言模型。可以說，是因為搭上 AI 快車，佈局超級電腦中心、AI 晶片等更多新賽道，才讓 Meta 迎來了曙光。

5.1.1 馬克・祖克柏的焦慮

2020 年是屬於元宇宙的一年，這一年，元宇宙概念大火。特別是 2020 年 3 月，Roblox 登陸資本市場，被認為是元宇宙行業爆發的標誌性事件。隨後，資本聞風而動，各大網際網路巨頭攜大額籌碼入場，而其中，動作最大的就是 Meta，為了表示入局元宇宙的決心，2021 年 10 月底，馬克・祖克柏甚至把「Facebook」母公司更名為「Meta」——「Meta」，正是元宇宙（MetaVerse）一詞的首碼。

　　馬克·祖克柏改名並且奔向元宇宙背後，是 Facebook 難以回避的發展焦慮。2004 年，馬克·祖克柏創辦社交網站 Facebook，在 Google 與推特（X）等幾大巨頭的包圍圈中夾縫求生，市值節節攀升，短短數年就成為全球社交「一哥」。Facebook 這一指數級爆發的傳奇故事，讓人們毫不吝嗇地將馬克·祖克柏稱為「第二蓋茲」「社交之王」。遺憾的是，Facebook 並沒有對得起全球社交「一哥」的稱譽，反而陷入了資料安全、侵犯使用者隱私，以及利用市場壟斷地位謀取不正當利益等風波中，越來越多的「麻煩」被擺在馬克·祖克柏面前。

　　近年來，Facebook 先後收購了 WhatsApp、Messenger 和 Instagram 等熱門應用，打造了一個規模空前的「社交帝國」。2019 年發佈一組資料顯示：過去十年，全球月活躍用戶數量位居前五個 App，就有四款屬於 Facebook 系。

　　當然，根本問題在於：Facebook 無限制並購擴張，在嚴重擠壓了諸多行業個體的生存空間的同時，更在市占率與社交軟體優勢下，憑著用戶對 Facebook 已經形成了巨大的依賴，對用戶展開了無節制的價值「搜刮」。《新共和》對 Facebook 的批評中就曾指出，Facebook 憑藉著自身壟斷地位，無上限追求利益，進而無底線爆發出諸如：向使用者推送病毒式廣告、洩露使用者隱私、偷偷獲取使用者生物特徵等種種鬧劇。

　　而早年間 Facebook 資訊洩露的巨大風波，則成為了這家公司最難洗刷、也是最大的「污點」—— 2018 年，美國《紐約時報》和《英國衛報》爆料，Facebook 上超過 5000 萬使用者的資訊在使用者不知情的前提下，被資料分析公司「劍橋分析」獲取，該公司則制定了大量宣傳產品，精準投放使用者，最終目的則是幫助 2016 年特朗普團隊參選美國總統。

此外，2020 年 Facebook 旗下的 Instagram 更被指控「非法」使用用戶手機鏡頭，竊取上億 Instagram 使用者生物特徵資料，只為給予廣告商提供更多有價值的資訊，進而實現更多的盈利。

2021 年，Facebook 在英國還遭到了 23 億英鎊的集體訴訟，原因是 2015 年至 2019 年期間，Facebook 透過強加不公平的條款和條件，要求 4400 萬使用者交出自己個人資料來訪問該社交網路，並濫用其市場主導地位，從而賺取數十億美元各類廣告費用。

當然，更重要的是，Facebook 在其既有的技術與商業模式路線上發展，已經遇到了瓶頸，其股價已經嚴重高估與透支。說到底，馬克·祖克柏的 Facebook 就是一個基於網際網路技術推動下的開放式全球社交應用平台而已，而這個軟體社交平台底層的硬體技術不是 Facebook 的，支援這個應用的系統甚至也不是 Facebook 的 —— Facebook 並沒有核心的技術來支撐其發展。

這就是為什麼一直以來，Facebook 需要複製競爭對手的應用和功能的原因：當視訊會議應用 Zoom 大火時，馬克·祖克柏迅速推出與之高度相似的 Messenger Rooms；當直播應用 Twitch 和 YouTube Gaming 逐漸佔據市場後，馬克·祖克柏則拿出了 Facebook Gaming；當美國版「鹹魚」Craigslist 利潤十分客觀時，馬克·祖克柏則送出了 Facebook Marketplace。

5.1.2　元宇宙的理想國

為了在 Facebook 出現增長衰退之前，想出一個更具有吸引力的故事來說服華爾街，馬克·祖克柏一手助推了「元宇宙」概念的走紅，這才有了 Facebook 的更名。2021 年 10 月 28 日，馬克·祖克柏在公司的 Oculus Connect 活動中宣佈，Facebook 將正式更名為「Meta」。

馬克‧祖克柏同時發表演講稱，「元宇宙是下一個前沿，從現在開始，我們將以元宇宙為先，而不是 Facebook 優先」。很快，Facebook 在門洛公園的全球總部門牌上的標誌性大拇指的 Like 圖示已經被一個藍色的 M，看起來有點像椒鹽卷餅的標誌取代。馬克‧祖克柏認為，元宇宙才是網際網路的未來。之所以決心為公司改名，是因為其認識到公司內部已經發生了轉變 —— 「我們基本上正在從『Facebook 優先』轉變為『元宇宙優先』的公司。」

並且，為了彰顯發力元宇宙的決心，馬克‧祖克柏除了將 Facebook 更名為 Meta，還在 VR 領域進行了深耕。在元宇宙的風頭上，Meta 由此成為網際網路行業中最知名的元宇宙概念企業。

畢竟，對於 Meta 來說，投入資金在一個能夠更快見到收益的領域已經刻不容緩。要知道，Meta 有 90% 以上的收入依靠社交媒體的自有流量變現，正如前面所說的，這種過於單一的商業模式也一直被人詬病，對於這種商業模式的質疑聲在 5000 萬使用者資料遭洩露及濫用的「數據門」後愈演愈烈。

與此同時，在商業模式上更加豐富的 TikTok、Snapchat 的逐漸成長，也逼迫 Meta 為此尋求改變。因此，選擇能夠更快做出產品、獲得收益的 VR 行業成為馬克‧祖克柏基於豐富商業模式的現實考量。

事實上，早在 2014 年，Meta 就以二十億美元高價收購了虛擬實境公司 Oculus，正式進軍 VR 領域，而 VR 作為元宇宙與現實世界的硬體介面，對元宇宙的未來發展無疑具有重要意義。在 2016 年 Meta 的十年規劃版圖中，馬克‧祖克柏就表示，要在 3-5 年內著重構建社交生態系統，完成核心產品的功能優化。

當然，從長遠發展的角度考慮，相對成熟的 VR 領域，也能夠幫助 Meta 建立起好的內容生態，累積足夠的消費市場規模，為下一步進軍元宇宙打好基礎。馬克‧祖克柏以 Quest 2 的成功舉例：「Quest 2 短短幾個月就成為主流 VR 頭戴顯示裝置之一」，「內容生態和開發生態也隨之建立起來，這就意謂著現在你買一台 Quest 2，還有《FitXR》、《Supernatural》這樣的健身應用、一些社交、辦公、商業等涉及到各個方面的應用供你使用。」馬克‧祖克柏認為，1000 萬活躍用戶是 VR C 端市場的「門檻」。他表示，隨著越來越接近這一門檻，生態也會越來越繁榮。

透過相對成熟的 VR 領域進軍元宇宙的理想固然美好，但現實總是骨感的。究其原因，元宇宙是一個依靠多重前沿技術發展下所搭建的科技產物，因此，元宇宙的發展必然要遵循科技本身的產業技術發展規律，需要在產業技術的研發上進行突破才能推進技術朝著未來的方向發展。但問題是，當前的各種前沿技術在底層產業鏈和產業生態上都是非常不成熟的。

說到底，在馬克‧祖克柏雄心勃勃宣佈元宇宙藍圖的背後，更多的是其他的考慮因素。科技行業從來不缺少新概念，這個領域就是需要一波又一波的新熱度來帶動持續關注和不斷投資。幾乎每隔一兩年，科技巨頭和創業投資行業都會推出一個又一個新的熱詞，介紹新奇的前沿技術，展示未來的生活願景，投入鉅資打造生態，推高股價與市值。

正如幾年前 Meta 推出的 Libra 計畫一樣，馬克‧祖克柏雄心勃勃地要組建一個全球去中心化的加密支付體系，這個超主權貨幣專案的野心並不亞於現在的元宇宙，甚至可能實現「全球金融無國界」的夢想，也一度給 Meta 的股價帶來了明顯提升。但是，在各國監管部門的合力打

壓下，Meta 不得不無限期擱置了 Libra 專案，而現在，被擱置的專案輪到元宇宙了。

5.1.3　從元宇宙轉向大型語言模型

Meta 為元宇宙所做的努力是全世界有目共睹的，但就結果而言，馬克‧祖克柏的押注看起來像是一個巨大的失敗。

從入局元宇宙到今天，Meta 依然沒法確定能製造出普通人喜歡的產品。而 Meta 之所以到現在都還沒做出像樣的 VR 產品的根本原因，就是因為決定著 VR 產品的不是這個終端的應用層面，而是整個 VR 的底層產業鏈技術都還不成熟，還不能支撐大規模的商業普及化應用。

事實是，至今為止，由於內容與服務較為匱乏、應用生態不完善，能滿足消費者需求的高級、標杆級 VR 應用都尚未出現，面向消費者的虛擬實境開發內容缺乏變現管道，尚未形成良好的產業生態和正向迴圈。

投資機構高盛曾在一份關於 AR 和 VR 技術的報告中表示，儘管 VR 技術正在改進，但目前為止，VR 頭戴顯示裝置仍沒有成為廣大消費者的剛性需求產品，仍是一小部分人群使用 VR 設備。也就是說，目前的 VR 頭戴顯示裝置市場規模仍處於初期發展的階段。

並且，現有應用案例多是定制化解決方案，沒有明晰的行業應用思路，不具備行業內大面積普及推廣的條件，多行業融合應用進展路徑亦不明晰。不僅如此，一些當前次要但非常關鍵，並會直接影響使用者體驗，進而決定用戶使用意願的問題也需要更多的方案解決，比如，電子部件的發熱、高計算能力、高通訊頻寬以及設備發熱量和散熱方式等問題。

一邊是看不到回報的未來，一邊又是巨大的開支和虧損，根據財報，自 2019 年以來，Meta 公司旗下的 Meta VR 和元宇宙業務的 Reality Labs 部門累計虧損 470 億美元。

受此影響，此前 Meta 的股價也創出了公司上市以來最大跌幅。事實上，在 Meta 更名的三個月內，Meta 股價就經歷了歷史性崩潰，使馬克‧祖克柏虧損了 310 億美元。另據相關統計顯示，2022 年前 11 個月，Meta 市值下跌了 70% 以上，累計市值也蒸發超過了 6000 億美元，不僅如此，其公司也跌出了全球前二十大公司之列。Meta 甚至不得不開始實施「裁員計畫」，2022 年年底，馬克‧祖克柏開啟了裁員模式，並且大幅縮減了對元宇宙的投資。財報顯示，截至 2023 年二季度末，Meta 總員工人數同比下降 24%，為 66185 人。

在這樣的背景下，終於，2023 年，Meta 做出了重要並且關鍵的選擇，那就是及時止損元宇宙的支出，尤其是對相關的元宇宙業務與人員進行了大規模的裁減，同時轉向更加務實的 AI 研發，包括推出開源大型語言模型，以及藉助於大型語言模型技術，對公司業務的改造，特別是藉助於 AI 為旗下的各種娛樂社交提供了更多的創作工具，這讓市場看到了 Meta 在社交娛樂領域用戶黏性改善的可能性。

從元宇宙轉向 AI 後，Meta 確實度過了不平凡的一年。首先，營收保持增長，且增速不斷提高。財報顯示，2023 年 Meta 四個季度的營收分別為 286.5 億、320 億、341.5 億和 401.1 億美元，同比分別增長 2.6%、11%、23.2% 和 24.7%，下半年後勁十足。對於 2024 財政年度的業績，Meta 信心十足，將一季度收入指引設定為 345 億 -370 億美元，高於分析師此前預期的 336 億美元，對應的增速在 20%-27% 之間，遠高於去年同期的表現。

實際上，2023 年下半年投資銀行已經大幅調高 Meta 營收預期，但最終的成績仍高出預測一截。以 2023 年四季度業績為例，市場預期為 390.8 億美元，增速 21.5%，分別比最終的成績低了 10 億美元、3.2%。

其次，利潤得到修復。財報顯示，2023 年 Meta 四個季度的淨利潤分別為 57.1 億、77.9 億、112.1 億和 140.2 億，對應的淨利率分別為 19.9%、24.3%、32.8% 和 34.9%，後面三個季度全面超過市場預期。除了淨利潤之外，每股收益、毛利率等指標也得到明顯改善，企業的經營已經重回正軌。

利潤上漲，自然得益於有效的成本控制。資料顯示，Meta2023 財政年度的總支出約為 1062 億美元，符合此前的支出指引。其中，幾場轟轟烈烈的大裁員下來，Meta 共減少了約 2 萬名員工，成功削減了人力、福利方面的支出。不過由於對 AI 等創新業務的投入在下半年逐漸上升，研發費用也重回增長態勢。

2024 年 1 月 19 日，馬克‧祖克柏在 Instagram 上分享了一則短影音，主角已經從此前時常在其社交媒體中露臉的 Quest 系列變成了 AI。在影片中，馬克‧祖克柏強調，「這項技術（AI）非常重要」、「下一代服務需要構建全面的通用智慧、構建最佳的 AI Agent、面向創作者的人工智慧、面向企業的人工智慧」。同時，馬克‧祖克柏也直接表示 AI 將成為 Meta 2024 年最大投資領域。

可以說，是人工智慧拯救了 Meta，而開源大型語言模型的公佈，更是讓 Meta 在大型語言模型市場擁有了重要的一席之位。

5.2 Meta 鏖戰大型語言模型

在大型語言模型市場，Meta 是重要的變數。

與 OpenAI、Google 和其他人工智慧公司不同，Meta 走的是開源大型語言模型的道路。一直以來，因為開源協定問題，很多大型語言模型都不可免費商用，但 Meta 卻打破了這一狀況，Meta 接連發佈的 Llama 大型語言模型系列被認為是 AI 社群內最強大的開源大型語言模型。這不僅奠定了 Meta 在大型語言模型行業的重要地位，也給大型語言模型的市場格局帶來了諸多變數和衝擊。

5.2.1 Meta 的 AI 實力

在 AI 這條賽道上，Meta 入局的動作其實並不晚。事實上，早在 2013 年，馬克‧祖克柏就提出要讓 Meta 成為 AI 領域的領導者，並親自招募了 Yann LeCun 擔任其 AI 研究實驗室的負責人。

在 AI 平台和框架方面，Meta 的一項重大貢獻是開發了領先的深度學習平台 PyTorch（圖 5-1）。PyTorch 支援多種深度學習模型，從基本的線性回歸到複雜的神經網路，都能在這個平台上高效實現。PyTorch 的主要特點是其「動態計算圖」（dynamic computation graph），這使得模型能夠在運行時動態改變行為。這一特性與其他深度學習框架，特別是 Google 的 TensorFlow 中採用的「靜態計算圖」形成對比。動態計算圖的優勢在於更符合程式設計師的直觀思維，因為它允許在程式碼運行時修改圖結構，這對於研究和開發複雜、實驗性強的模型尤為有益。

圖 5-1

此外，PyTorch 具有豐富的資料庫和工具支持，如 TorchVision、TorchText 和 TorchAudio 等，這些資料庫提供了處理圖像、文本和音訊資料的預處理和模型訓練工具，使得 PyTorch 在處理多種資料類型的 AI 應用中尤為有效。

PyTorch 對 AI 行業的影響是深遠的，自從推出以來，PyTorch 就以其直觀、靈活的設計迅速成為全球 AI 研究人員和開發者的首選工具之一。這種設計不僅優化了 AI 模型的開發流程，也極大地提高了研究和應用的效率。根據 2020 年劍橋大學的報告，Meta 主導開發的深度學習框架 PyTorch 已經碾壓了 Google 的 TensorFlow，搶佔了大部分原來屬於 TensorFlow 的位置。

除了 PyTorch 外，Meta 還公開分享了 30 多個 AI 模型和框架。

MMF 是一個的多模態學習框架，特別適用於處理涉及圖像和文本結合的任務（圖 5-2）。這個框架的設計非常靈活，它允許研究人員根據需要自由組合不同的視覺和語言模組，這大幅簡化了多模態任務的建構和實驗過程。MMF 的一個主要優勢就是它的用戶友好性。透過提供簡潔明瞭的 API，MMF 降低了技術門檻，使得即便是初學者也能輕鬆上手進行多模態研究。此外，MMF 的可擴展性也是其重要特性之一，支援包括視覺問答、圖像描述和視覺對話在內的多種視覺語言任務，並且能夠輕鬆擴展以適應新的任務和模型。

　　具體來說，視覺問答功能讓系統能夠理解圖像內容並回答與之相關的問題；圖像描述功能則是根據圖像內容生成相應的文本描述；而視覺對話功能允許系統就圖像內容進行互動式對話。除此之外，MMF 還可以應用於情感分析和內容檢索等領域，顯示了其廣泛的應用範圍和強大的功能性。

圖 5-2

　　DynaBench 則是一個創新的研究平台，專門用於動態資料收集和基準測試，旨在解決傳統靜態基準測試中的多個問題（圖 5-3）。在常規的靜態基準測試中，由於資料固定不變，模型往往很快就能達到性能上限，這使得測試結果不能真實反映模型在現實世界中的表現。此外，固定的測試資料可能導致資料洩露，使得模型過度擬合，難以應對新的資料場景。還有，傳統測試資料中的注釋者偏差和不完善的評估指標也經常影響模型評估的準確性和公正性。

　　為了克服這些限制，DynaBench 提出了一種動態資料收集方法，可以根據模型的表現不斷生成新的測試資料。這種方法有效避免了模型的快速飽和和過度擬合問題，確保測試資料持續更新，更貼近模型在實際應用中需要面對的挑戰。此外，DynaBench 還特別注重減少注釋者的偏差，透過多種機制確保資料的品質和測試的公正性。平台使用的評估指標也更加完善，更接近真實世界的需求，能夠更準確地反映模型的實際效用。DynaBench 支持多種機器學習任務的基準測試，包括但不限於電腦視覺的圖像分類和目標檢測，自然語言處理的機器翻譯和文本摘要，

以及推薦系統的商品和新聞推薦等。這使得 DynaBench 成為一個多功能平台，適用於廣泛的應用場景和研究需求。

圖 5-3

　　ParlAI 是一個基於 Python 的對話式人工智慧框架，旨在提供一個簡單、易用且高度可擴展的平台，幫助研究人員和開發人員建構和訓練對話式 AI 模型（圖 5-4）。這個框架特別設計來簡化對話系統的開發過程，提供了一套清晰的 API，使用戶能夠輕鬆啟動和實驗各種對話模型。ParlAI 支援廣泛的對話任務，從簡單的聊天機器人到複雜的虛擬助理，如客服機器人、智慧家居助理和語言學習系統等。不僅如此，ParlAI 還適用於更專業的應用，比如職業培訓系統，這些系統能夠模擬真實對話，幫助使用者學習新的技能或知識。

　　ParlAI 的一個顯著優點是非常靈活，支援多種對話模型，包括經典的 seq2seq 和先進的 Transformer 模型。此外，它還提供了一系列豐富的評估指標，使開發者可以準確地衡量和優化模型的性能。這些指標確保模型不僅能夠理解和生成語言，還能以一種真實且自然的方式進行互動。

圖 5-4

　　此外，KILT Benchmarking、Glow、Hydra 等等都是 Meta 開發的重要的 AI 平台和框架，而在相當長的時間內，Meta 研發的 AI 技術都為 Meta 自身的商業化提供了強勁引擎，包括用來進行廣告的精準投放、內容的智慧分發、識別錯誤資訊等等。事實上，在疫情期間，Meta 就曾被報導開發出了更快地應對新型有害內容的人工智慧：Meta 使用了 Few-Shot Learner（FSL）技術，以往的 AI 系統是從具體示例中學習新任務，但收集和標記大量資料的過程可能需要數月時間，但這一新的人工智慧系統只需要很少量的訓練資料，就能在數周而不是數月內對新型有害內容做出反應。而這一新系統也在 Facebook 和 Instagram 上推出，導致看到有害內容的使用者比例降低。

　　甚至在 ChatGPT 火熱之前，Meta 也曾推出了一個名為「Galactica」的 AI 聊天機器人。不過，Galactica 跟 ChatGPT、Bard 等大多數聊天機器人一樣，難以識別出錯誤資訊。有用戶向它提問是誰在管理矽谷，Galactica 的回答是：史蒂夫·約伯斯。於是，在輿論壓力下，僅發佈三天 Galactica 就消失地無影無蹤。

　　可以看到，雖然這幾年 Meta 一直以 all in 元宇宙的姿態示人，但在 AI 領域，Meta 也沒有放棄探索。

5.2.2　開源大型語言模型 Llama 系列

　　在 Meta 將目光從元宇宙重新轉回 AI 之後，很快的，2023 年 2 月，Meta 就宣佈推出大型語言模型 LLaMA，正式加入到由 OpenAI、Google 等科技巨頭主導的 AI「軍備競賽」中。

　　LLaMA 是一個類似於 OpenAI 的 ChatGPT 的聊天機器人 AI，訓練資料包括 CCNet、C4、Wikipedia、ArXiv 和 Stack Exchange 等。不過，

最初版本的 Llama 僅提供給具有特定資格的學術界人士，採用非商業許可。

馬克·祖克柏表示，LLaMA 旨在幫助研究人員推進研究工作，LLM（大型語言模型）在文本生成、問題回答、書面材料總結，以及自動證明數學定理、預測蛋白質結構等更複雜的方面也有很大的發展前景，能夠降低生成式 AI 工具可能帶來的「偏見、有毒評論、產生錯誤資訊的可能性」等問題。

Meta 提供了 70 億、130 億、330 億和 650 億四種參數規模的 LLaMA 模型。在一些測試中，僅有 130 億參數的 LLaMA 模型，性能表現超過了擁有 1750 億參數的 GPT-3，而且能跑在單個 GPU 上；擁有 650 億參數的 LLaMA 模型，能夠媲美 700 億參數的 Chinchilla 和擁有 5400 億參數的 PaLM。與此同時，所有規模的 LLaMA 模型，都至少經過了 1T（1 兆）個 token 的訓練，這比其他相同規模的模型要多得多。例如，LLaMA 65B 和 LLaMA 33B 在 1.4 兆個 tokens 上訓練，而最小的模型 LLaMA 7B 也經過了 1 兆個 tokens 的訓練。

從 LLaMA 的能力評估來看，在常識推理方面 LLaMA 涵蓋了八個標準常識性資料基準。這些資料集包括完形填空、多項選擇題和問答等。結果顯示，擁有 650 億參數的 LLaMA 在 BoolQ 以外的所有報告基準上均超過擁有 700 億參數的 Chinchilla。擁有 130 億參數的 LLaMA 模型在大多數基準測試上也優於擁有 1750 億參數的 GPT-3。

閉卷答題和閱讀理解方面，LLaMA-65B 幾乎在所有基準上和 Chinchilla-70B 和 PaLM-540B 不相上下。

在數學推理方面，它在 GSM8k 上的表現依然要優於 Minerva-62B。

在程式碼生成測試上，基於程式碼開源資料集 HumanEval 和小型資料集 MBPP，被評估的模型將會收到幾個句子中的程式描述以及輸入輸出實例，然後生成一個符合描述並能夠完成測試的 Python 程式。結果顯示，LLaMA-62B 優於 cont-PaLM（62B）以及 PaLM-540B。

Llama 在各個方面的能力評估上都有不錯的表現，但這只是 Meta 在大型語言模型賽道的一個開始。在 Llama 發佈四個月後，2023 年 7 月 19 日，Meta 重磅推出了第二代 Llama —— Llama 2 不僅在性能上更進一步，並且還是一個完全開源的，即可以免費商用的大型語言模型。

具體來看，Llama 2 模型系列包含 70 億、130 億和 700 億三種參數變體。此外還訓練了 340 億參數變體，但並沒有發佈。

為了創建全新的 Llama 2 模型系列，Meta 在先前的 Llama 1 模型的基礎上進行了一系列關鍵的技術優化。Llama 2 的設計包括更加高效的預訓練方法，特別是使用了改進的自回歸 Transformer 架構，這是一種先進的模型結構，用於處理和生成語言。

具體來看，Llama 2 模型的資料登錄量比前一代增加了 40%，這意謂著模型在訓練時接觸到更多的文本資訊，有助於更全面地理解和生成語言。此外，處理的上下文長度 —— 即模型在生成回應時可以考慮的文本範圍 —— 也增加了一倍，這使得模型能夠更好地理解更長的對話或文本片段。另外，Llama 2 模型還引入了分組查詢注意力機制，這是一種讓模型在處理資訊時更加高效的方法，這種機制可以幫助模型更加精確地聚焦於相關資訊，從而提高處理速度和效果。在訓練方面，Llama 2 的預訓練模型是在龐大的 2 兆 token 的資料集上進行訓練的。而針對對話場景優化的 Llama 2-Chat 模型則是在包含 100 萬個人類標記的資料上進行精調的，這些人類標記資料幫助模型更好地理解和生成人類的自然對話。

Llama 2 的一個顯著特點是其多語言能力，支援 26 種語言，這一多語言能力使得 Llama 2 特別適合於國際化的企業和機構，能夠為用戶提供跨文化、跨語言的交流和服務。比如，在全球範圍內提供客戶支援的公司可以使用 Llama 2 來構建能理解多種語言的客服機器人，從而提高服務的可達性和效率。

另外，Llama 2 的推理速度相較於上一版本提升了四倍，這意謂著，在相同的時間內，它能處理更多的資料，提供更快的回應。這種高效的推理能力不僅提高了使用者體驗，也降低了運行成本。

公佈的測評結果顯示，Llama 2 在包括推理、編碼、精通性和知識測試等許多外部基準測試中都優於其他開源語言模型（圖 5-5）。

Benchmark (Higher is better)	MPT (7B)	Falcon (7B)	Llama-2 (7B)	Llama-2 (13B)	MPT (30B)	Falcon (40B)	Llama-1 (65B)	Llama-2 (70B)
MMLU	26.8	26.2	45.3	54.8	46.9	55.4	63.4	68.9
TriviaQA	59.6	56.8	68.9	77.2	71.3	78.6	84.5	85.0
Natural Questions	17.8	18.1	22.7	28.0	23.0	29.5	31.0	33.0
GSM8K	6.8	6.8	14.6	28.7	15.2	19.6	50.9	56.8
HumanEval	18.3	N/A	12.8	18.3	25.0	N/A	23.7	29.9
AGIEval (English tasks only)	23.5	21.2	29.3	39.1	33.8	37.0	47.6	54.2
BoolQ	75.0	67.5	77.4	81.7	79.0	83.1	85.3	85.0
HellaSwag	76.4	74.1	77.2	80.7	79.9	83.6	84.2	85.3
OpenBookQA	51.4	51.6	58.6	57.0	52.0	56.6	60.2	60.2
QuAC	37.7	18.8	39.7	44.8	41.1	43.3	39.8	49.3
Winogrande	68.3	66.3	69.2	72.8	71.0	76.9	77.0	80.2

圖 5-5

　　2024 年 4 月，在 Llama 2 發佈 10 個月後，Meta 又開源了 Llama 2 的迭代版本──Llama 3。Llama 3 一經發佈，便引爆了 AI 圈，甚至號稱「迄今為止最好的開源大型語言模型」，Llama 3 開源了 70B 和 8B 兩個小參數模型，Meta 表示，Llama 3 70B 和 Llama 3 9B 是目前同體量下，性能最好的開源模型。

　　Meta 官方部落格寫道：「得益於預訓練和後訓練的改進，我們的預訓練和指令微調模型是目前 8B 和 70B 參數尺度下最好的模型。」同時，官方發佈了在多項基準測試中的評測結果，其結果顯示，Llama 3 在同類模型中表現優異。這些測試涵蓋了從生物、物理到化學的各類問題，還包括程式碼生成和數學應用等領域。這也證明了 Llama 3 在多個領域的應用潛力和技術領先性。比如，在 MMLU、ARC、DROP 等科學問題集中，以及 HumanEval 的程式碼生成測試和 GSM-8K 的數學應用測試中，Llama 3 都展現出了卓越的處理能力。

　　除了在常規的 AI 任務中表現出色，Llama 3 還在安全性方面取得了重大突破。它配備了 Llama Guard 2、Code Shield 和 CyberSec Eval 2 等一系列新的信任和安全工具，這些工具不僅提高了模型的安全性，還優化了模型在面對錯誤輸入時的拒絕表現，這意謂著 Llama 3 能更加有效地識別並阻止潛在的錯誤或惡意操作。

　　在 Llama 3 發佈後，馬克‧祖克柏還表示，「我們的目標不是與開源模型競爭，而是要超過所有人，打造最領先的人工智慧。」

　　目前，Llama 3 已經整合 WhatsApp、Instagram、Facebook 和 Messenger 的搜尋框中，用戶可以更便捷地使用這一強大的 AI 助理。此外，Meta 還推出了一些創新的創作功能，如將照片製作成動畫，以及根據使用者需求即時生成高品質圖像和重播影片，這些功能的加入無疑將進一步豐富用戶的互動體驗。

更重要的是，Llama 系列都是開源的，這為其提供了廣泛的應用可能性。開源使得 Llama 成為一個可供全球科學研究團隊使用的公共資產。科學研究人員可以直接利用這一模型進行各種自然語言處理的實驗和研究，無需從頭開始開發複雜的語言模型。這不僅加速了科學研究的進程，還使研究成果和新技術能夠更快地轉化為實際應用。例如，在機器翻譯、文本摘要、情感分析等領域，研究人員可以利用 Llama 的強大能力，進行更深入的研究和創新。

Llama 的開源也為中小企業和初創公司提供了寶貴的資源。顯然，研發大型語言模型是一項燒錢的投入，可以說，大部分的公司都沒有足夠的資金和技術力量來開發自己的大型語言模型，但現在，這些公司可以利用開源的 Llama 來開發和優化自己的產品和服務，包括聊天機器人、客戶支援系統、內容推薦引擎等，都可以透過整合 Llama 來提升其智慧化水準和使用者體驗。可以說，Llama 的開源特性也進一步降低了大型語言模型市場的進入門檻，促進了更多創新解決方案的誕生。

此外，開源還意謂著 Llama 可以不斷被全球的開發者社群改進和優化。開發者可以根據自己的需求對模型進行定制和改良，然後將這些改進分享回社群，從而不斷提升模型的性能和適用性。這種協作和共用的生態系統能夠加速技術的迭代和成熟，使 Llama 能夠更快地適應不斷變化的技術需求和市場環境。

比如，2023 年 3 月，斯坦福發佈大型語言模型 Alpaca，模型由 LLaMA 微調而來；Nebuly 公司開源了基於 LLaMA 的模型 ChatLLama，允許使用者基於預訓練的 LLaMA 模型構建個性化的 ChatGPT 服務；美國多所大學的研究人員開源了語言模型 Vicuna，這是一個與 GPT-4 性能相近的 LLama 的微調版本。

5.2.3 Meta 正在大步向前

對於 Meta 來說，2023 年是成績斐然的一年，除了開發出 Llama 系列，Meta AI、Code LLMA 等 AI 助理和垂直領域的大型語言模型也陸續誕生。

Meta AI

Meta AI 是 Meta 最新推出的 AI 助理，它透過 Meta 的多個產品提供了一種全新的對話模式。Meta 將其視為一個通用助理，可以處理各種事務，從在群聊中與朋友計畫旅行到回答用戶通常會向搜尋引擎詢問的問題，Meta AI 都可以勝任。

Meta AI 的功能可以說非常多，也非常全。比如，它內建的「Explore with Reels」功能，可以幫助用戶探索新的旅行目的地，學習最新的舞蹈動作，或者為各種專案尋找靈感。使用者只需查看相關的影片和評論，Meta AI 就能提供個性化的建議和靈感。透過「@Meta AI」功能，用戶可以直接在群聊中使用 Meta AI，無論是尋求團隊旅行建議還是激發晚餐食譜創意，都能得到即時的幫助。這一功能還能生成逼真的圖片，增加聊天的樂趣，讓與朋友的交流更加豐富多彩。

特別有趣的是「Dream it, create it」功能，用戶可以向 Meta AI 描述一個想像中的圖像，比如「一隻在彩虹森林中的仙女貓」，Meta AI 就能將這一想像變為現實的圖片。這不僅是一個創造性的娛樂工具，也可以作為與朋友們一起享受創意樂趣的方式。Meta AI 還引入了獨特的「角色宇宙」，用戶可以選擇與 28 個不同的 AI 角色交流，每個角色都有其獨特的個性和背景故事。

除此之外，Meta AI 還提供了 AI 貼紙和圖片編輯功能，使用者可以生成各種定制貼紙或者應用新的視覺風格到照片中，如「垃圾風」或「水彩風」等。

在實際應用中，目前，Meta AI 已經被整合到 Meta 旗下的各個平台，比如 Facebook、Instagram 和 WhatsApp 等。它不僅可以推動內容推薦，提供個性化的 AR 濾鏡體驗，還能作為語音助理協助使用者完成日常任務，比如設定鬧鐘、播放音樂或查看天氣預報。

可以看到，Meta AI 正在作為一個多功能的 AI 助理被廣泛應用，它透過結合創新的 AI 技術和使用者友好的介面，不斷提升使用者體驗，並擴展其在日常生活和工作中的應用場景。

Code LLMA

Code LLMA 是一個專為程式設計任務設計的大型語言模型，Code LLMA 能夠生成多種程式設計語言的程式碼，如 Python、JavaScript 和 C++，並具備解釋程式碼功能，使其成為程式開發中的強大工具（圖 5-6）。除了能生成程式碼外，Code LLMA 還能識別並修復程式碼中的錯誤，甚至將一種程式設計語言的程式碼翻譯成另一種語言，極大地提高了程式設計的效率和靈活性。

圖 5-6

Code LLMA 的強大程式碼生成能力意謂著它可以自動編寫高品質的程式碼，幫助開發者快速建構複雜的軟體應用。這對於那些需要迅速轉化創意為產品的創業公司或快速發展的技術部門尤為重要。透過自動生成程式碼，開發者可以將更多時間和精力集中在創新和改進產品功能上，而非日常的編碼工作。

Code LLMA 的程式碼修復功能也為軟體發展的品質控制提供了重要支援。它能夠識別程式碼中的錯誤和潛在問題，並提供修復建議，這對於提高軟體的穩定性和安全性非常重要。在程式碼審查過程中，Code LLMA 可以協助開發者檢查程式碼，確保編寫的程式不僅符合要求，而且具有較高的可維護性和性能效率。

另外，程式碼翻譯功能讓 Code LLMA 成為跨語言開發的橋樑。開發團隊可以利用這一功能將現有程式碼從一種語言轉換為另一種語言，從而充分利用各種程式設計語言的特點和優勢，如將 Python 程式碼轉換為 JavaScript，以適應不同的運行環境或用戶需求。

Code LLMA 還具有程式解釋能力，這一功能特別適合編碼教育。它可以幫助學生更好地理解程式設計語言的結構和邏輯，透過生成程式碼的同時提供詳細的解釋，使學生能夠學習和理解各種程式設計技術和概念。這降低了學習程式設計的門檻，使程式設計教育更加普及和高效。

可以說，透過其多功能性，Code LLMA 極大地推動了程式設計工作的自動化和簡化，不僅幫助程式設計師提高編碼效率，減少編碼時間，還幫助企業降低開發成本。

Imagine with Meta AI

Imagine with Meta AI 是 Meta 推出的一款文字生成圖片模型，能夠根據使用者提供的文本描述生成逼真的圖像（圖 5-7）。

圖 5-7

Imagine 的圖像生成能力極其強大，無論是風景、人物還是各種物體，都可以根據使用者的需要進行創作。這種能力源於其深度學習演算法的高效處理和理解複雜文本語義的能力。用戶只需輸入一段描述，Imagine 就能理解其含義並快速生成對應的圖像，這個過程簡單直觀，無需任何專業知識。

Imagine 支援多種語言輸入，能夠接受各種文本格式的描述，這讓它的應用範圍更為廣泛，能滿足全球使用者的需要。不論是簡短的一句話還是詳細的段落描述，Imagine 都能精準地捕捉到關鍵資訊，並轉化為精美的圖像。

Imagine with Meta AI 的發佈，不僅顯著提高了圖像的創作效率，同時也進一步降低了圖像的創作門檻。它使得圖像創作不再僅限於具備專業繪畫或設計技能的人群，任何人都可以嘗試並創作出高品質的視覺

作品。這種易用性和高效性極大地節省了創作時間和精力，使創作變得更加便捷。

在藝術創作領域，Imagine 可以幫助畫家和設計師快速構思和實現創意，無論是繪畫、插畫還是其他設計工作。在內容創作方面，部落客、社交媒體經營者和新聞編輯可以利用 Imagine 生成與文章內容相匹配的圖像，增強文章的吸引力和表現力。在教育領域，教師和教育工作者可以使用 Imagine 製作更豐富、直觀的教材和課程內容，提高學習的趣味性和效率。在商業領域，Imagine 可以協助產品設計師和行銷專家製作廣告和促銷材料，更好地捕捉目標市場的注意力。

未來，Imagine 將被應用於更多的場景中，不斷拓展其邊界，為用戶提供更加便捷和高效的創作體驗。

Make-A-Video

Make-A-Video 是 Meta 推出的一款革命性的影片生成模型 —— 基於一定的文本描述，Make-A-Video 就能生成逼真的影片，包括風景、人物、劇情等在內的各種風格和主題的影片（圖 5-8）。特別值得一提的是，Make-A-Video 還支援多種語言輸入，並能處理各種文本格式。此外，使用者介面的簡便性也是 Make-A-Video 的一大亮點，使用者無需具備專業的影片製作知識，只需輸入文本描述，便能快速生成影片，大幅降低了影片創作的門檻。

圖 5-8

從技術角度看，Make-A-Video 採用了多模態 Transformer 模型，能夠同時處理和融合文本與視覺資訊，從而生成更加準確和生動的影片內容。此外，該模型還運用了 Diffusion 模型技術，這種技術從隨機雜訊開始，逐步生成清晰細緻的影片畫面，大幅提升了影片的品質和視覺細節。Make-A-Video 還允許使用者對影片的風格、主題和場景進行詳細的控制，實現個性化的影片創作。

Make-A-Video 的應用場景非常廣泛。在影視製作領域，該模型可以用於創造電影、電視劇和動畫的初步草圖或預覽，幫助創作者在實際拍攝前預期作品效果。對於內容創作者，無論是製作影片教程、短影音還是進行直播，Make-A-Video 都能提供強大的視覺支援，增強內容的吸引力和傳播效果。在教育領域，教師可以利用這一工具製作更加直觀和互動的教學材料，幫助學生更好地理解複雜概念。商業上，Make-A-Video 可以用於製作產品宣傳片和廣告，幫助企業在市場上更有效地推廣其產品和品牌。

Meta 除了面向用戶發佈 AI 應用外，其在 AI 運算能力上也做了許多佈局。根據馬克·祖克柏的說法，Meta 將在 2024 年年底前部署超過

35 萬塊 NVIDIA H100 用於訓練大型語言模型。而根據 Omdia 的統計，過去一年 Meta 購置的 H100 數量已經是除微軟外科技企業的至少三倍。

不過與其依賴於 NVIDIA，Meta 顯然更希望加強自研實力。2023年 5 月，馬克‧祖克柏就透露 Meta 正在建設一個全新的人工智慧資料中心，並投入大量資金研發 AI 推理晶片。2024 年 1 月底，Meta 官方發言人透露，第二代自研 AI 晶片 Artemis 將於今年內投產。目前關於 Artemis 的更多消息尚未公佈，但據悉上一代產品 MTIA V1 採用了台積電 7nm 先進製程工藝，運行頻率為 800MHz，第二代產品的性能預計將有大幅提升。

無論是在 AI 大型語言模型上的突飛猛進，還是在晶片、運算能力等方面的積極運作，Meta 都在 AI 領域大步向前，從元宇宙轉向大型語言模型，今天，Meta 在科技圈的形象已經重塑。

5.3 開源這條路，Meta 非走不可

在大型語言模型賽道上，開源和開放，是 Meta 最大的特徵和優勢。尤其是 Llama 系列的開源，讓人想起了 Google 對於 Android 系統的一貫策略，透過開源，拉攏到盡可能多的用戶，佔據更大眾的用戶和市場。那麼，如何看待 Meta 的開源？ Meta 會成為 AI 時代的 Google 嗎？

5.3.1 Meta 的真正市場在哪？

對於 Meta 的開源，一個讓所有人都很好奇的問題就是：Meta 為什麼選擇開源？

要回答這個問題，我們還需要從 Meta 的市場定位來看。顯然，制定任何戰略的第一步都是要清楚自己的市場定位，Meta 的市場定位又是什麼呢？

需要指出的是，Meta 的市場定位並不像傳統企業那樣簡單明瞭。這是因為，在網際網路行業，市場定義往往更加複雜和多樣化，而傳統的市場定義方法在面對網際網路公司時往往顯得力不從心。比如，聯邦貿易委員會（FTC）就對「個人社交網路」的定義非常狹隘，它排除了 Twitter、Reddit、LinkedIn、TikTok 和 YouTube 等作為 Facebook 的競爭對手，這種定義顯然是不合理的。

事實上，雖然這些服務之間存在差異，但它們實際上都在爭奪用戶的時間和注意力。可以說，在數位服務領域，使用者的時間和注意力是唯一具有競爭性的資源，用戶一天只有 24 小時，每一秒鐘花在一個平台上的時間，都是無法同時花在另一個平台上的。儘管使用者可以同時使用多個服務，但在實際使用中，每個服務都在爭奪使用者的專注時間。

這種競爭不僅表現在平台的用戶數量上，更重要的是用戶的參與度和使用時長。用戶在一個平台上花費的時間越多，這個平台在市場上的競爭力就越強。

比如，儘管 Facebook 在用戶總數方面表現優異，但 TikTok 卻在用戶投入時間上佔據了顯著地位，這才是最關鍵的指標。TikTok 透過短影音的形式，成功吸引了大量用戶的注意力，成為許多用戶日常生

活的一部分。這種市場競爭的激烈程度解釋了為什麼包括 Instagram、Snapchat 和 YouTube 在內的這些服務都在競相模仿 TikTok。

顯然，用戶的時間和注意力是稀缺資源，任何能夠吸引用戶更多時間的平台都在市場上佔據優勢。這一理念也得到了 Netflix 的認同。當前，Netflix 在報告使用者資料時，已經從關注用戶數量轉向關注用戶參與度，因為他們意識到在數位服務領域，真正的競爭對手不僅限於其他流媒體服務，還包括所有可能吸引用戶時間和注意力的平台。

因此，對於 Meta 來說，真正的市場就是用戶的時間與注意力。Meta 的發展軌跡也凸顯了對這樣的市場定義的適應和回應。

具體來看，馬克·祖克柏在 Facebook 最初的 S-1 招股說明書中曾表達了一個非常明確的願景：「Facebook 的建立初衷並非為了成為一個商業實體，而是為了實現一個社會目標 —— 讓世界變得更加開放和相互連接。」這種以社會連接為核心的理念的確在早期為 Facebook 的快速增長奠定了基礎。

Facebook 將人們線上的社交行為轉化為視覺化和互動的平台。透過這樣的平台，用戶不僅能夠保持與親朋好友的聯繫，還能發現新的興趣和社交圈。很快，這種模式就顯示出其獨特的市場吸引力，因為它提供了一種全新的方式，讓人們在數位世界中進行互動和表達自己。

然而，隨著其他社交媒體平台的興起，特別是 Snapchat 的出現，Facebook 開始面臨新的挑戰。Snapchat 透過推出「故事」功能，允許用戶發佈會在 24 小時後消失的短影音，這一功能迅速獲得年輕用戶的喜愛。為了應對這一競爭威脅，Facebook 在其旗下的 Instagram 推出了類似的功能。這一舉措不僅成功地遏制了 Snapchat 的增長勢頭，還增強了 Instagram 作為社交平台的吸引力。

不過，TikTok 的興起，讓市場環境又一次發生了變化，這一次，Facebook 面臨的主要競爭者變成了 TikTok。TikTok 利用高度優化的演算法推薦系統，提供了一個更加開放和包容的內容創作平台，使用者無需依賴於現有的社交網路就能接觸到全球各地的短影音。TikTok 的成功，一方面源於人們天然對短影音的喜愛，另一方面則在於其能夠跨越傳統社交網路的界限，它透過將影片庫的來源從人們的社交網路擴展到平台上任何使用者製作的影片，抖音 /TikTok 利用了使用者生成內容的巨大體量，創造出比專業人士所能製作的內容更具吸引力的影片，並且依賴其演算法確保使用者所看到的都是精挑細選的優質內容。

面對這一挑戰，Facebook 的回應是透過 Instagram 進一步模仿 TikTok，推出了「Reels」功能，試圖透過這個新功能吸引喜歡短影音的使用者群體。Meta 此舉的核心，其實就是利用 Instagram 強大的使用者基礎和社交網路優勢，來對抗 TikTok 的崛起。

Meta 對 TikTok 的回應揭示了一個更深層次的問題：在這個以用戶時間和注意力為中心的新市場環境中，單靠社交網路的連接已不足以保持市場領先地位。

事實上，從市場定位來看，Meta 的獨特之處就在於它能夠吸引並維持大量用戶的時間和精力，即便這種吸引和維持是透過社交網路來實現的，但這並非其戰略上的關鍵要素。

因此，對 Meta 來說，當前真正需要的，就是不斷地審視和調整其策略，以適應這種快速變化的環境。Meta 開始認識到，未來的競爭不僅僅是在提供社交網路連接上，更是在於如何創造和推薦能夠吸引使用者持續關注的內容。這包括了對演算法的優化，對使用者行為的深入瞭解，以及對市場趨勢的快速回應。

5.3.2 Meta 為什麼選擇開源？

理解了 Meta 的市場定位之後，我們就能更好地認識到 Meta 為什麼選擇開源這條道路。

顯而易見，Meta 並不需要直接銷售其技術能力；相反，Meta 更需要的是構建一個平台，允許用戶自由地發佈和消費內容。這種開放的內容創作和消費模式讓擁抱開源成為 Meta 一種自然而然的選擇。如果 Meta 將其內容創作工具和模型開源，這些工具和模型生成的內容就有可能被發佈在 Meta 自己的平台上。換句話說，Meta 的整個商業模式都建立在視內容為商品的基礎上，將創作過程本身商品化，則會為這個平台增加更多的內容供給。

也就是說，當 Meta 決定將其內容創作工具和模型開源時，它實際上是在利用開放的創新來推動其平台的內容生態系統。開源這些工具和模型，意謂著全球的開發者、內容創作者和企業都可以使用這些資源來創造新的內容。

舉個例子，如果 Meta 開源了一套強大的影片編輯工具，這個工具可以讓用戶輕鬆地添加特效、編輯音訊和影片，甚至使用 AI 生成內容。那麼，一旦這個工具被開源，全球的內容創作者都可以免費使用它來製作高品質的影片。這些創作者可能會選擇將他們的作品發佈在 Meta 的平台上，因為 Meta 的用戶基礎龐大，可以幫助他們獲得更多的觀眾和回饋。這樣一來，Meta 的平台上不僅內容數量增加，內容的多樣性和品質也得到了提升。

並且，開源工具通常是免費提供的，這大幅降低了內容創作的門檻。對於那些因為成本問題而猶豫不決的創作者來說，免費的、功能強大的工具是一個巨大的激勵。這使得更多的人可以參與內容創作，不僅

僅是專業的創作者，還包括普通用戶。隨著更多人加入內容創作，Meta的平台將變得更加豐富和活躍。除了有助於 Meta 擴大用戶基礎，還能在市場上形成一種良性的技術普及效應。透過降低進入門檻，Meta 可以吸引更多中小型企業和個人開發者，這些用戶的廣泛使用和回饋將進一步推動技術的普及和改進。

不僅如此，透過開源其內容創作工具，Meta 還可以建立一個圍繞這些工具的開發者和用戶社群。這樣的社群通常包括技術開發者、內容創作者、學者和技術愛好者，在這樣的開源社群中，全球的開發者可以自由地修改和改進工具的程式碼。如果一個影片編輯工具在處理某種特定格式時表現不佳，社群中的開發者可以修復這個問題或開發出更高效率的處理演算法。這種從底層到功能的持續優化不僅使工具更加強大和用戶友好，也縮短了技術發展的時間線，讓改進迅速實現並普及。同時，成員們可以在此交流他們使用工具的獨特方式或創新的內容創作策略。比如一個創作者分享了他如何利用開源工具創造出令人震撼的視覺效果，這種分享可能會激發其他成員進行嘗試和創新，進一步豐富Meta 平台的內容生態。

Meta 開源策略的選擇，不僅僅是一個技術決策，它也反映了 Meta對於未來市場趨勢的態度。在技術日新月異的今天，單靠內部開發和保守秘密的策略已經難以滿足快速發展的市場需求。開源使得 Meta 能夠利用全球開發者的智慧和創意，加速技術的創新和應用，同時也建構了一個圍繞其平台的強大生態系統。

5.3.3　開源大型語言模型的標杆

Meta 的開源策略，除了益於自家的商業外，還標誌著 Meta 在開源大型語言模型領域樹立了一個新的標杆。

要知道，在目前的大型語言模型市場上，由於訓練的成本極高，OpenAI 和 Google 兩大巨頭都選擇了「閉源」，以此確保自己的競爭優勢。大多數公司都傾向於保護自己的技術成果，不願意分享具有競爭力的技術資產。而 Meta 的開源商用，是直接挑戰 OpenAI 的「閉源」模式。隨著開源平台的興起，人工智慧競爭格局必將發生重大變化。

Meta 選擇了一條不同的道路，而 Meta 這種開源的做法可能會像 Android 在智慧手機作業系統市場的影響一樣，對整個 AI 市場產生深遠的影響。

2008 年，iPhone 發佈後一年，各大手機廠商都在奮力研發作業系統追趕 Apple。微軟有 Windows Mobile、黑莓有 BBOS、諾基亞基於 Linux 系統開發了 Maemo。又過了不到五年，還賣得動的智慧手機要麼來自 Apple，要麼裝著開源的 Android 系統。現在，Apple 的競爭對手們不再有屬於自己的作業系統，但它們佔據著超過 80% 的智慧手機市場。也就是說，Android 的開源策略最終使得其在全球智慧手機市場佔據了超過 80% 的份額，而它的主要競爭對手，如 iPhone 的 iOS，儘管在某些區域非常受歡迎，但總體市場佔有率較小。

Meta 的操作，其實就是在領頭做大型語言模型時代的開源標準。當然，Meta 的開源肯定不是無私奉獻，畢竟商業市場就不是一個講奉獻的地方。Meta 的目標，是用自己的開源人工智慧模型，顛覆 OpenAI 的 ChatGPT 主導地位，瞄準更廣泛的受眾。對於 Meta 來說，一旦 AI 模型達到了一定的性能水準，透過開源可以快速擴大新技術的覆蓋範圍，讓更多的人和組織能夠使用並進一步改進這項技術。這種方法有助於快速迭代和優化 AI 模型，因為它允許全球的開發者和公司根據自己的需求來調整和優化模型。這種做法不僅降低了成本，還加速了創新，

因為更多的人參與到模型的改進工作中來，帶來了更多的創意和解決方案。

而對於閉源模型，如 OpenAI 的策略，雖然能夠在技術上保持領先，但其發展和優化速度可能會受到限制，因為它依賴於有限的內部資源進行創新和迭代。這種模式在初期可能有助於公司快速建立技術優勢，但在技術成熟後，閉源模式可能會限制技術的普及和進一步發展。

就像 iOS 與 Andriod 在手機作業系統上的競爭，開源與閉源的競爭並不都是在同一維度上的短兵相接，大型語言模型領域也會出現類似的分化。在這種新的競爭格局下，連 Google 都沒有信心繼續保持領先。2023 年 5 月，Google 的一位高階工程師曾在內部撰文稱，儘管 Google 在大型語言模型的品質上仍然略有優勢，但開源產品與 Google 大型語言模型的差距正在以驚人的速度縮小，開源的模型迭代速度更快，使用者能根據不同的業務場景做定制開發，更利於保護隱私資料，成本也更低。

不僅如此，從另一個層面來看，Meta 開源大型語言模型的策略，也是在推動一場 AI 技術的民主化運動。這使得即使是資源較少的開發者和小公司也能夠訪問和使用頂級的 AI 技術，促進了整個行業的健康發展。比如，小型初創公司可以利用開源模型開發新的產品和服務，而無需從頭開始建構複雜的 AI 模型。學術界也可以利用這些模型進行研究和教育，加速 AI 知識的傳播和人才的培養。

Meta 的開源策略還有助於提高模型的透明度和可信度，因為開源社群的成員可以檢查和驗證模型的程式碼和資料處理方式，這有助於發現和修正錯誤，提高模型的安全性和公正性。這一點在當前對 AI 倫理和透明度要求日益增加的背景下尤為重要。

　　當然，商業利益肯定是 Meta 開源策略考慮的首要，但我們不得不承認，這種策略的確為 AI 領域帶來了新的活力和可能性。隨著越來越多的人和組織能夠輕鬆地訪問和使用這些強大的 AI 工具，未來，AI 技術的應用將變得更加廣泛和多樣化，推動整個行業向前發展。

　　在這樣的情況下，Meta 才在 2023 年迎來了股票表現最好的一年，股票價值幾乎翻了三倍。如果馬克‧祖克柏能夠保持專注，或許，Meta 真的有機會轉變為人工智慧巨頭。可以說，一場新的生成式人工智慧領域的競爭正在展開，憑藉開放協作的力量，Meta 正在以驚人的速度追趕包括 OpenAI 和 Google 等科技巨頭們建立的領先優勢。

6 xAI：馬斯克的大型語言模型佈局

6.1 │ xAI：補齊馬斯克的商業版圖

2022 年末，馬斯克終於與 X（前推特）董事會完成關於 X 的收購交易。馬斯克，這位有「矽谷鋼鐵人」之稱的傳奇人物，以 440 億美元的價格成為這家世界上最知名社交平台之一的老闆。

收購 X，是馬斯克商業版圖中尚缺的一塊重要拼圖 —— 傳媒。自此，從 SpaceX 到星鏈，從特斯拉到超級高鐵，從腦機介面再到虛擬世界的輿論場，都將被馬斯克攬在手中。馬斯克旗下的這些公司所在的行業都是面向未來的尖端技術領域，而且幾乎都站在了該領域的最前沿，像 spaceX、星鏈以及特斯拉，已經取得了毋庸置疑的商業成功。

然而，在馬斯克宏大的野心和完備的佈局下，卻有一個不可忽略的漏洞，那就是 AI。儘管馬斯克的商業佈局涵蓋了從太空探索到高速交通等多個未來科技領域，但馬斯克在人工智慧的參與卻並不多 —— 在這樣的背景下，xAI 誕生了。

6.1.1 為 OpenAI 做了嫁衣

雖然看起來馬斯克並沒有直接參與到 AI 專案裡，或者參與相關投資，但實際上，馬斯克對於 AI 的關注不可謂不多。甚至早在 9 年前，馬斯克與 OpenAI 的淵源就已經產生 —— 馬斯克曾是 OpenAI 的創始人之一。

事情還要從 2015 年加州葡萄酒鄉的派對上說起。當時，馬斯克和 Google 首席執行官拉裡·佩奇發生了一場激烈爭論，馬斯克認為人工智

慧不應該被掌握在少數大公司手裡，AI 應該是 Open 的，確保能夠造福全人類的。

此後不久，馬斯克就遇到了當時在矽谷創業加速器 Y Combinator 當總裁的奧特曼。奧特曼向馬斯克 提出一個關於 AI 發展的思考，認為阻止 AI 發展幾乎不可能，建議透過非盈利組織推進，確保技術惠及全球。他提出了一個由 Y Combinator 啟動的 AI 專案，類似於「曼哈頓計畫」。馬斯克 表示這個想法值得討論。2015 年 6 月，奧特曼向馬斯克 提交了一個詳細提案，旨在創造第一個通用 AI，並以安全為首要任務，技術由基金會擁有，服務於全球利益。提案包括初始團隊規模和治理結構。馬斯克同意了這個提案。

隨後，奧特曼開始招募團隊成員，包括 Gregory Brockman，並與馬斯克討論了以中立、合作的方式進入 AI 領域的重要性。馬斯克承諾提供資金，並提出了新實驗室的名稱：「Open AI Institute」，簡稱「OpenAI」。

2015 年 12 月，OpenAI Inc 在德拉瓦州正式成立，目標是慈善和教育，旨在資助 AI 技術的研發和分發，技術成果將開源並惠及公眾。OpenAI 對外公佈時，馬斯克和奧特曼 被命名為聯合主席，Brockman 為首席技術官，強調其非盈利性質和對人類積極影響的專注。

馬斯克在 OpenAI 早期的貢獻是全面而深遠的。作為聯合主席，他不僅是 OpenAI 的重要發起人，更是其成功啟動的關鍵推手。馬斯克利用自己的聲望和人脈，承諾將招聘工作作為「全天候的絕對優先事項」，成功吸引了包括 Ilya Sutskever 在內的頂尖人才，為 OpenAI 的研究和發展打下了堅實基礎。同時，馬斯克還是 OpenAI 最重要的捐贈者之一，從 2016 年到 2020 年，他共為 OpenAI 貢獻了超過 4400 萬美

元，這些資金不僅幫助 OpenAI 組建了一個頂尖的人才團隊，還支持了其運營和研究。此外馬斯克還會定期訪問 OpenAI，出席重要的公司活動，並提供回饋和建議，幫助指導 OpenAI 的發展方向。

但誰也沒想到，在 2018 年，也就是 OpenAI 成立的第三年，馬斯克退出了 OpenAI 董事會。馬斯克曾對奧特曼說過，他認為這家初創公司已經嚴重落後於 Google。所以馬斯克提出了一個解決方案：由他控制並親自負責運營 OpenAI。不過，奧特曼和 OpenAI 的其他創始人一致拒絕了這個提議，於是在 2018 年 2 月 20 日馬斯克宣佈正式退出 OpenAI，並暫停了約定捐贈的 10 億美元進程。

馬斯克的離開也給 OpenAI 帶來了一個巨大的現實問題，那就是經費問題。

雖然 OpenAI 非盈利的願望是美好的，但是 AI 技術研發所需要的資金投入卻是冷冰冰的現實數字。2018 年，公司推出的 GPT-3 語言模型在訓練階段就花費了 1200 萬美元。於是，秉承開源設想的科學研究人員也不得不在資金支持面前妥協讓步，放棄非營利的設想。2019 年，OpenAI 轉向成為有利潤上限的盈利機構，股東的投資回報被限制為不超過原始投資金額的 100 倍。

而公司性質剛剛轉換，微軟就宣佈為 OpenAI 注資 10 億美元，並獲得了將 OpenAI 部分 AI 技術商業化，賦能產品的許可。告別馬斯克，攜手微軟，OpenAI 的轉換讓輿論甚至懷疑所謂的利益衝突避嫌更像是在利益分配上沒有達成一致，馬斯克選擇了退出。在網傳的消息中，微軟在注資前並非只要求了 OpenAI 技術的優先使用權，甚至要求加入排他性條款。

2020 年，馬斯克曾表示 OpenAI 應該變得更「開放一些」，支持輿論對 OpenAI 變成「ClosedAI」的批評。馬斯克還稱，自己已經沒有掌控 OpenAI 的權力了，能從公司獲得的消息非常有限，他對公司高階主管在安全領域的信心並不高。

在馬斯克看來，OpenAI 已偏離了其預期目的，成為了一個以利潤為導向的實體。他直言，OpenAI 最初是作為一個非營利性開源組織創建的，目的是抗衡 Google。但此後它變成了微軟控制下的一家閉源、以利潤為導向的公司。馬斯克還譴責 OpenAI 遭到微軟的控制 —— 在微軟成為公司最主要的投資者後，OpenAI 是微軟挑戰 Google 在 AI 領域地位的工具幾乎就是輿論默認的事實。

如今，隨著 ChatGPT 大獲成功，某種程度上，馬斯克所擔憂的 AI 技術會被幾家大公司所掌控的局面終於還是難以避免的發生了。而這個故事中，最讓人感慨的，或許就是，離開 OpenAI 董事會讓馬斯克很難從 OpenAI 估值暴漲中獲得有分量的實際收益，從八年前到現在，馬斯克的這一次創業倒像是「為他人做了嫁衣」。

6.1.2　馬斯克為什麼和 OpenAI 決裂？

從聯合主席到退出董事會，至今，一個仍然被許多人關心的問題是，馬斯克為什麼和 OpenAI 決裂？答案其實很簡單，利益衝突。

要知道，馬斯克一直將特斯拉定義為一家 AI 與電動汽車深度結合的公司。2014 年，特斯拉就已經在自動駕駛領域開始早期嘗試；2015 年，特斯拉推出了自動駕駛的第一個版本 Autopilot 1.0，開啟這項功能的特斯拉電動車可以實現自動變道、自我調整巡航控制和車道保持等。2016 年 Autopilot 升級到了 2.0 版本，2019 年特斯拉推出了完全自動駕

駛（FSD）的早期版本，開始提供更高階的自動駕駛功能，包括自動停車和召喚功能。

2018 年，馬斯克試圖說服奧特曼，OpenAI 既然還是落後於 Google，那就應該併入特斯拉發展。OpenAI 披露出的郵件顯示，馬斯克建議 OpenAI 應該「依附於特斯拉，作為其搖錢樹」，並評論說，「特斯拉是唯一有望與 Google 相提並論的途徑。即便如此，與 Google 抗衡的可能性也很小，它只是不是零。」

當然，這一提議被否決了，馬斯克也隨之退出了 OpenAI。

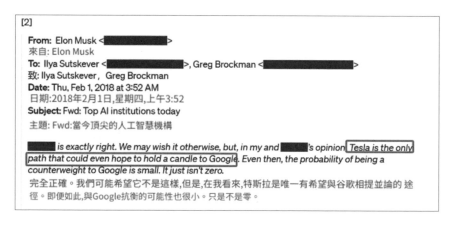

[2]

From: Elon Musk <███████████>
來自: Elon Musk
To: Ilya Sutskever <█████████>, Greg Brockman <█████████>
致: Ilya Sutskever, Greg Brockman
Date: Thu, Feb 1, 2018 at 3:52 AM
日期:2018年2月1日,星期四,上午3:52
Subject: Fwd: Top AI institutions today
主題: Fwd:當今頂尖的人工智慧機構

███████ is exactly right. We may wish it otherwise, but, in my and ███████'s opinion Tesla is the only path that could even hope to hold a candle to Google. Even then, the probability of being a counterweight to Google is small. It just isn't zero.
完全正確。我們可能希望它不是這樣,但是,在我看來,特斯拉是唯一有希望與谷歌相提並論的 途徑。即便如此,與Google抗衡的可能性也很小。只是不是零。

在馬斯克退出 OpenAI 之後，馬斯克決定繼續打造一支能與之抗衡的人工智慧團隊，專注於實現特斯拉的自動駕駛，為此，馬斯克還挖走了 OpenAI 的深度學習和電腦視覺方面的專家安德列·卡帕斯，由此人來領導特斯拉的人工智慧專案。

值得一提的是，在當時，馬斯克還面臨著 Tesla Model 3 產能爬坡困難和股價暴跌，這已經威脅到特斯拉的未來，因此，如若馬斯克將大量精力和金錢投入到 OpenAI 與 Google 的較量之中，將會使得自家公司面臨倒閉風險。

結合來看，我們就能大概推斷出馬斯克離開 OpenAI 背後的深層次故事：馬斯克捐助成立 OpenAI 的目的不僅是為了發展開源 AI，更是為特斯拉謀發展。OpenAI 在短短三年的時間裡，已經聚集了大量人工智慧領域的頂尖人才，並且在深度學習和電腦視覺等前沿領域取得了重要突破。如果能將這些人才和技術資源納入特斯拉的體系，無疑將大大增強特斯拉在自動駕駛領域的競爭力。更重要的是，馬斯克也清楚，特斯拉要在未來的市場競爭中立於不敗之地，必須在自動駕駛技術上取得突破。而要實現這一目標，僅靠特斯拉自身的研發力量是不夠的，需要引入更多的外部資源和創新力量。OpenAI 無疑是一個理想的選擇，於是，馬斯克希望能夠吸納 OpenAI 到特斯拉，由他親自運營和掌控。這樣一來，一方面 OpenAI 可以繼續研究 AI 發展，另一方面特斯拉可能會指定 OpenAI 研究方向，特別是機器識別，而不是通用 AI，以利於特斯拉無人駕駛迅速發展。

然而，在馬斯克提出合併 OpenAI 後，遭到了 OpenAI 創始人和大部分人的反對，或許他們也覺察到了其中的利害關係。加上馬斯克面臨特斯拉發展瓶頸和股價風險，不得已只能放棄孕育已久的 OpenAI。

6.1.3　馬斯克的野心和佈局

雖然馬斯克離開了 OpenAI，但馬斯克在其他尖端技術領域的野心卻毫不含糊。2022 年，馬斯克收購 X，其實就是馬斯克在構建一個類似於 Apple 的閉環商業生態帝國。值得一提的是，馬斯克收購 X 的操作，其實也是馬斯克的「慣用手法」。20 年前，馬斯克就是靠著創立 zip2 和 PayPal 兩家公司，賺得第一桶金。

憑藉著這些財富，馬斯克做出了兩件大事。第一件是創立太空公司 SpaceX，實現其星辰大海的目標。另一件就是投資特斯拉。2004年，馬斯克從出售 PayPal 獲得的 1 億美元中，拿出 650 萬美元投資了特斯拉，而當時特斯拉 A 輪融資額總共才 750 萬美元。馬斯克毫無疑問地成為了特斯拉董事會主席和最大股東。

三年後，特斯拉創始人、第一任 CEO 埃伯哈德被馬斯克要求離開公司。如今特斯拉這家公司已經被馬斯克打上深深的個人印記，很少有人能記得特斯拉最初的創始人。從特斯拉開始，馬斯克漸漸展開了個人的商業版圖：2006 年創立太陽能公司 SolarCity，2016 年被特斯拉以 26 億美元的價格收購；2016 年創立腦機介面公司 Neuralink；2016 年創立地下隧道公司 The Boring Company。

可以說，馬斯克的商業帝國野心比 Apple 更大，因為他是從天地一體化的角度去切入的。而在通訊領域，最具有競爭力的通訊技術並不是 5G 或者 6G，而是星鏈技術，它透過衛星就能實現更廣泛的覆蓋，並且能夠建立星際之間的通訊。儘管目前星鏈的各方面優勢都還不明顯，但是隨著性能的不斷優化，以及接收技術的不斷微型化，加上用戶的不斷普及，使用成本的下降，優勢是會越發明顯的。因此，馬斯克收購 X 只是他構建商業生態閉環的起步。

並且，目前來看，真正能夠率先實現無人汽車駕駛的會是特斯拉，其中關鍵的原因就是通訊。無人駕駛如果基於現有的通訊技術，不論是 5G 還是 6G，只要是依賴於基地台的，在訊號的切換過程中，以及訊號覆蓋均等不一的情況下，都是會造成通訊時差的，這種時差在高速行駛過程中將帶來非常致命的危害。而衛星通訊系統，它就相對比較的均等，上傳與回饋下來的時差不存在切換的問題。那麼馬斯克從通訊環節切入，再來打通硬體與軟體，就能建構出一個強大生態閉環。

不過，汽車也好，手機也好，都還只是馬斯克這個生態帝國中硬體的一部分，當然是最關鍵的部門，至少是目前應用依賴最強的部分，後續馬斯克就會圍繞他的商業帝國的野心來擴展相關的硬體產品。

那麼，有了硬體，就需要有應用。馬斯克收購 X 的真正目的根本不在於 X 本身，而是在於 X 上面的用戶，收購完 X 之後，馬斯克一定會基於 X 對其進行相應的改造，畢竟 X 當前的模式有點老化了。而馬斯克收購 X 之後，其實對 Facebook 構成非常大的影響，從社交層面來說，會直接挑戰 Mate 公司。

可以說，收購 X 只是馬斯克商業帝國建構的一個開始，未來他很大的概率會透過收購合作，或者自己開發生態系統，並且會配合著馬斯克的智慧手機，來建構一個類似於 Apple，但比 Apple 更強大的閉環生態系統。

馬斯克的星鏈通訊建構完成，然後將星鏈的通訊接受做成了微型化，直接植入到他的手機和智慧汽車，以及他所有的智慧硬體產品中，這不僅對 Apple 的商業帝國會構成挑戰，對當前的很多企業都會構成很大的挑戰。而我們如果要接入馬斯克的生態閉環，就要先接入獲得他的星鏈技術的授權。

6.1.4　OpenAI 的攔截和 xAI 的誕生

雖然馬斯克在面向未來的諸多尖端技術與商業領域都有佈局，但在 AI 領域，ChatGPT 突然的成功卻給馬斯克帶來了相當的挑戰。

GPT 系列的出色表現，可以被認為是邁向通用型 AI 的一種可行路徑 —— 作為一種底層模型，它再次驗證了深度學習中「規模」的意義。正因為 GPT 有更好的語言理解能力，意謂著它可以更像一個通用

的任務助理，能夠和不同行業結合，衍生出很多應用的場景，這對馬斯克帶來了相當大的衝擊。因為馬斯克所佈局的產業，不論是星鏈還是特斯拉，或是腦機介面等專案都離不開人工智慧，就連收購的 X 也需要 AI 加持。

以星鏈為例，星鏈旨在部署數千顆衛星，形成一個覆蓋全球的寬頻網際網路，這不僅是一個龐大的工程專案，也是一個複雜的資料和網路管理挑戰。星鏈的成功依賴於 AI 在衛星軌道部署、訊號優化、網路流量管理等方面的應用。AI 演算法可以幫助優化衛星的發射和軌道配置，減少訊號干擾，提高網路的穩定性和效率。此外，AI 還能即時分析地面站和衛星之間的資料傳輸，動態調整網路負載，以應對不同地區不同時間的網路需求變化。

再來看看特斯拉，特斯拉也是馬斯克最為人熟知的企業之一。特斯拉不僅僅是一家汽車製造商，更是自動駕駛的龍頭。不論是從技術的研發、還是主動駕駛的大數據層面，以及實際應用資料層面來說，特斯拉都是自動駕駛的王者。而自動駕駛的技術本質，正是 AI。特斯拉的自動駕駛系統 Autopilot 依賴於深度學習技術來處理來自車輛周圍環境的大量資料。這些資料包括攝影機捕捉的圖像、雷達和聲納系統的訊號等。AI 則需要即時解析這些資料，以確保車輛安全高效地行駛。但目前的自動駕駛依然難以實現完全的自動駕駛，其中的關鍵就是汽車的智慧系統與人的互動當前還是比較機械的，比如說，前面有一輛車，按照規則，它有可能會無法正確判斷什麼時候該繞行。這也是為什麼會有自動駕駛汽車頻發出事故的原因。可以說，沒有 AI 就沒有自動駕駛，特斯拉也不再是特斯拉。

就連腦機介面也離不開 AI。馬斯克的 Neuralink 旨在開發先進的腦機介面，其目標就是將人類大腦與外部設備連接。對於腦機介面來說，AI 的作用是多方面的：從解析大腦活動產生的複雜資料，到使設備能夠根據使用者的思維模式作出回應。AI 扮演著翻譯和執行大腦命令的角色，這需要極高的精確度和即時性。

這也讓我們看到 AI 對於馬斯克各個領域應用的重要性，為了回應 ChatGPT 的挑戰，2023 年 7 月，馬斯克宣佈成立一家新的人工智慧公司 —— xAI。xAI 的誕生，也標誌著馬斯克正式投身於 AI 領域的競爭。

儘管 xAI 宣稱自己的使命是「瞭解宇宙的真實本質」，目標是打造 OpenAI 的競爭對手 —— 在 xAI 成立以前，馬斯克就多次公開表達對 AI 發展潛在風險的擔憂，但成立 xAI 更重要的目的，依然是商業利益。

一方面，馬斯克需要透過 xAI 填補其業務組合中的技術空白。雖然馬斯克的公司比如 SpaceX、特斯拉和 Neuralink 等都在各自的領域內使用 AI，但這些應用更多的是功能性的，與開發核心 AI 技術和演算法相比，屬於應用層面。xAI 的成立使得馬斯克能夠直接進入 AI 的核心技術領域，特別是在開發通用人工智慧（AGI）方面，這也是目前 AI 技術中最具挑戰和最有前景的領域之一。馬斯克也在直播中提到，想更安全地開發 AGI，最終讓它幫助人類解決複雜的科學和數學問題，並瞭解宇宙本質。

另一方面，xAI 的成立也讓馬斯克能夠更直接地與 AI 領域的主要競爭者如 OpenAI、Google 的 DeepMind 等競爭。當前，OpenAI 和 Google 等科技巨頭都已經在 AI 技術上取得了顯著成就，特別是在自然語言處理和深度學習領域。這些成就推動了 AI 技術的快速發展，同時也引發了一系列關於 AI 安全性和倫理的討論。

　　馬斯克創建 xAI，除了要在這一技術競賽中追趕甚至超越這些領先者，也是希望引導 AI 技術的發展走向一個更加安全和可靠的方向。馬斯克對 AI 安全性的關注並非無的放矢。隨著 AI 技術在各行各業的廣泛應用，其潛在的風險也日益顯現，如數據隱私問題、演算法偏見、自主武器系統等。透過 xAI，馬斯克有機會推動在 AI 開發中採納更嚴格的安全標準和倫理準則，為此，xAI 還特別強調邀請了美國人工智慧安全中心的主任 Dan Hendrycks 來擔任安全顧問。

　　與此同時，透過 xAI，馬斯克還可能在商業模式上進一步創新，找到與現有 AI 公司合作的新途徑，從而加速 AI 技術的商業化進程和市場應用。與特斯拉和 SpaceX 等公司的現有技術和資料整合，不僅能為 xAI 提供獨特的資料資源和應用場景，也為 AI 研發提供了實際問題導向的動力。這種跨界合作的潛力巨大，有望產生全新的 AI 應用，從而在市場上形成獨特的競爭優勢。

　　如今，背靠馬斯克，xAI 這家僅成立一年的 AI 公司已經成為大型語言模型賽道的重要參賽者，並在 AI 的發展中發揮著重要而獨特的影響力。

6.2 ｜ 馬斯克的 Grok 系列

　　面對 OpenAI 的成功，馬斯克的感受顯然是非常複雜的。從離開 OpenAI 和多次公開指責 OpenAI「不開源」，到一紙訴狀把 OpenAI 告上法庭，再到發佈全球最大的開源大型語言模型 Grok-1，當前，馬斯克也在大型語言模型的賽道上全力以赴。

6.2.1　全球最大的開源大型語言模型

2023 年 7 月，馬斯克的人工智慧公司 xAI 成立，11 月，馬斯克就正式發佈 xAI 旗下首個大型語言模型和應用成果方案 Grok。從成立到發佈首個大型語言模型，xAI 用了不到 4 個月。

作為一個大型語言模型，Grok 不僅具備強大的自然語言處理能力，還能進行複雜的任務管理和用戶互動。Grok 的名字來源於科幻小說《陌生人漫遊地球》，意為「完全理解」。這也表明了 Grok 的設計初衷，即成為一個能夠深刻理解和響應用戶需求的智慧助理。

Grok 的發佈會展示了其多項創新功能。首先，Grok 具備對話能力，能夠理解上下文並進行自然流暢的對話。無論是回答問題、提供建議，還是進行娛樂互動，Grok 都表現得遊刃有餘。其次，Grok 被內建在社交平台 X 上，使其成為用戶日常互動的一部分。用戶可以直接在 X 平台上與 Grok 進行交流，獲得即時新聞、天氣預報、股票行情等資訊，或者讓 Grok 幫助撰寫貼文、回復評論。

2024 年 3 月 17 日，馬斯克實現了他的承諾 —— 把大型語言模型 Grok-1 開源了：xAI 在官方部落格文章中宣佈，將發佈 Grok-1 的基礎模型權重和網路架構：「這是我們的大型語言模型，擁有 3140 億參數，由 xAI 從零開始訓練。」

Grok-1 遵照 Apache 2.0 協定開放模型權重和架構，其開源意謂著模型的權重和網路架構變得公開可用。模型的權重主要指模型的參數，一般來說參數越多模型越複雜性能也就更好。具有 3140 億參數的 Grok-1 是截至發佈時參數規模最大的開源大型語言模型，遠超 OpenAI GPT-3.5 的 1750 億參數（未開源）。同時，Grok-1 遠超其它開源模型，

包括 Meta 開源的 700 億參數的 Llama 2，Mistral 開源的 120 億參數的 8x7B，Google 開源的最高 70 億參數的 Gemma，也遠高於中國阿里、智譜、百川等公司開源的大型語言模型。

Grok-1 的架構是 xAI 在 2023 年 10 月使用自訂訓練堆疊在 JAX 和 Rust 上從頭開始訓練，採用了混合專家（Mixture-of-Experts，MOE）架構，同時利用了 25% 的權重來處理給定的標記，從而提高了大型語言模型的訓練和推理效率。

xAI 還表示，Grok-1 基礎模型基於大量文本資料訓練，未針對特定任務進行微調。但 Grok 並未公佈其訓練資料的全部語料庫，這也意謂著使用者無法暸解模型的學習來源，因此在開源程度上不如 Pythia、Bloom、OLMo 等附帶可複現的資料集的模型。

目前，Grok-1 的源權重資料大小大約為 300GB，其發佈版本所使用的訓練資料來自截至 2023 年第三季度的網際網路資料和 xAI 的 AI 訓練師提供的資料。

在 xAI 將 Grok-1 上傳到開源社群 Github 後，任何個人或企業都可以下載其程式碼，獲取 Grok 的權重和其他相關文件，並使用副本進行各種應用，包括商業用途。根據 Grok-1 遵循的 Apache 許可證 2.0，其可以被允許商業使用、修改和分發，但不能注冊商標，使用者也不會收到任何責任或保證，但使用者必須複製原始許可證和版權聲明，並聲明他們所做的任何更改。

不過，xAI 並未公佈 Grok-1 更多的模型細節，也沒有給出 Grok-1 的最新測試成績。2023 年 11 月，xAI 正式推出 Grok 聊天機器人，背後正是基於用時 4 個月研發的大型語言模型 Grok-1，其由最初訓練的 330 億參數的原型 Grok-0 進化而來。

根據 xAI 當時公佈的 Grok-1 大型語言模型在衡量數學和推理能力的標準基準測試中，其在 GSM8k、MMLU、HumanEval、MATH 等測試集上均超過了 GPT-3.5、Llama 2（70B）及 Inflection-1，但不及 Google 的 PaLM 2、Claude2 和 GPT-4，尤其是在 GSM8k 上遠不如 GPT-4 達到 92% 的表現。

Grok-1 可以訪問搜尋工具和即時資訊，能從 X 即時獲取資訊，但不具備獨立搜尋網路的能力，同時跟所有大型語言模型一樣，Grok-1 仍具備大型語言模型的通病 —— 幻覺問題。因此，xAI 認為，解決當前系統局限性最重要的方向，就是實現可靠的推理，包括開發可擴展的監督、長文章的理解和檢索、多模態功能等。

雖然 Grok-1 已經給大型語言模型市場帶來了一定的震撼，但相較 GPT 已具備語音、圖像、影片等功能，Grok-1 還未就多模態進行佈局。

6.2.2 入局激烈的開源之戰

馬斯克有馬斯克的速度。Grok 1 開源才剛有 10 天，Grok 1.5 就來了，2024 年 3 月 29 日，xAI 正式推出了 Gork 大型語言模型的最新版本 Grok-1.5。相較於上一代的 Grok 1，在最新模型 Grok-1.5 中，Gork 又有了進一步提高。

Grok-1.5 最明顯的改進之一是其在程式碼和數學相關任務中的性能。在 xAI 的測試中，Grok-1.5 在 MATH 基準上取得了 50.6% 的成績，在 GSM8K 基準上取得了 90% 的成績，這兩個數學基準涵蓋了廣泛的小學到高中的競賽問題。此外，它在評估程式碼生成和解決問題能力的 HumanEval 基準測試中得分為 74.1%。

Grok-1.5 中的另一個重要升級是在其上下文視窗內可以處理多達 128K token 的長文章。這使得 Grok 的容量增加到之前上下文長度的 16 倍，從而能夠利用更長文件中的資訊。此外，該模型可以處理更長、更複雜的提示（prompt），同時在上下文視窗擴展時仍然能保持其指令追蹤能力。在大海撈針（NIAH）評估中，Grok-1.5 展示了強大的檢索能力，可以在長度高達 128K token 的上下文中嵌入文本，實現完美的檢索結果。

xAI 進一步介紹了用於訓練模型的運算能力設施。在大規模 GPU 集群上運行的先進大型語言模型（LLM）研究需要強大而靈活的基礎設施。Grok-1.5 構建在基於 JAX、Rust 和 Kubernetes 的自訂分散式訓練框架之上。該訓練堆疊允許開發團隊能夠以最小的精力構建想法原型並大規模訓練新架構。在大型計算集群上訓練 LLM 的主要挑戰是最大限度提高訓練作業的可靠性和正常執行時間。xAI 提出的自訂訓練協調器可確保自動檢測到有問題的節點，並將其從訓練作業中剔除。工程師還優化了檢查點、資料載入和訓練作業重新開機等問題，以最大限度地減少發生故障時的停機時間。

而 Grok-1.5 發佈還沒多久，馬斯克又發佈了其首款多模態大型語言模型 Grok-1.5V。xAI 演示了 7 個 Grok-1.5V 案例，包括將手繪圖表轉換成 Python 程式碼、看食品標籤計算卡路里、根據孩子的繪畫講個睡前故事、解釋梗圖、將表格轉換成 CSV 格式、為生活日常問題答疑解惑、解決程式問題。

xAI 官網資訊顯示，Grok-1.5V 在多學科推理、文件理解、科學圖表、表格、截圖和照片等多個領域的能力均可與 GPT-4V 等前沿多模態模型比拼。其中最令人驚喜的，是其對真實世界物理空間的理解能力。

　　為評估多模態模型對於基本現實世界空間的理解能力，xAI 推出了一項新的基準 —— RealWorldQA。該基準包含 700 多張圖片，其中有真實世界的圖像和從車輛上拍攝的匿名圖像，每張圖片都有一個問題和易於驗證的答案。

　　在 RealWorldQA 基準測試中，Grok-1.5V 在沒有思維鏈提示、零樣本設置的情況下跑分為 68.7%，明顯優於 GPT-4V、Claude 3 Sonnet、Claude 3 Opus、Gemini Pro1.5 等同類模型。其中，GPT-4V 是 OpenAI 於 2023 年 9 月底推出的視覺語言模型，其同樣具備對真實場景的理解能力。具體來看，GPT-4V 在物體檢測、文本識別、人臉識別、驗證碼識別、地理定位等任務中表現突出，但在理解複雜圖像中的空間關係、處理重疊物體、分離前景背景等方面還存在局限。此前，已有研究驗證了 GPT-4V 在場景理解、意圖識別和駕駛決策等方面展現出了有望超越現有自主駕駛系統的能力。

　　相比之下，或許，基於自身生態的優勢，Grok-1.5V 在自動駕駛方面的案例也許會更早面世。比如，特斯拉 FSD V13 可能會採用 Grok-1.5V 使車輛能夠透過「思維鏈」進行推理和解釋，將像素到動作的映射提升為像素到語言到動作，從而提高 FSD 的多模態推理能力。而特斯拉高度成熟的資料管線也可以使微調 Grok 在多模態 FSD 推理上的表現碾壓 GPT-4V。

　　可以說，隨著 Grok 系列的加入，大型語言模型市場競爭還將更加激烈。就在 2024 年 2 月，Google 發佈了全新的 Gemini 1.5 AI 模型，很快又開源了羽量級開源大型語言模型 Gemma，這種連續性的動作，與 OpenAI 發佈 AI 文字生成影片模型 Sora 如出一轍，都是在宣告自己在通用大型語言模型領域的能力，都引起了行業震動。

反觀馬斯克，在這一如火如荼的 AI 浪潮中，他不再是風頭無兩的人物。《馬斯克傳》曾經如此定義他：OpenAI 和 Google 雙雄相爭，場上需要第三名角鬥士登場 —— 一個專注於人工智慧安全、致力於保護人類的角鬥士。

馬斯克曾經自信滿滿，他在《馬斯克傳》中曾這樣表述：「特斯拉在現實世界累積的人工智慧實力被低估了，想像一下，如果特斯拉和 OpenAI 必須交換任務，他們來製造自動駕駛車輛，而我們來製造大型語言模型聊天機器人，誰會贏呢？當然是我們。」不過，從前述披露的資訊來看，xAI 目前在技術方面仍整體不及 OpenAI，其想要靠開源對抗 OpenAI 仍有難度。而如果 xAI 想要藉助開源追上 OpenAI，也還需要更多投入。

Apple：迎接關鍵一戰

7.1 放棄造車，轉戰 AI

Apple 公司在 AI 領域的探索和投資一直是科技界關注的焦點。特別是自 ChatGPT 發佈後，Apple 在 AI 領域的每一步舉動都備受關注。但有意思的是，在到 2023 年末，相較於 Google 發佈 Gemini、Meta 發佈 Llama、馬斯克發佈 Grok，Apple 依然沒有行動 —— 全球的科技巨頭中，Apple 幾乎是唯一一家還沒有推出 AI 大型語言模型的企業。直到 2024 年，Apple，終於行動了。

7.1.1 十年造車夢碎

在 Apple 發佈自家的大型語言模型之前，另一項被熱議的話題是 —— Apple 放棄了 Apple Car 研發計劃。2024 年 2 月，根據彭博社報導，Apple 首席運營官傑夫・威廉姆斯和負責該專案的副總裁凱文・林奇向員工告知造車專案即將終止。

對於 Apple 來說，放棄造車並不是一個輕鬆的選擇。要知道，從 2014 年起，Apple 就已經開始研發汽車，燒掉數十億美元，目標是打造一部配備豪華內飾加語音瀏覽功能的純自動駕駛電車。

Apple 造車的內部代號為「泰坦 Titan」，一度有大約 5000 名員工。但 Apple 在過去十年中反覆調整方向，這種「搖擺」最直接的表現就是「流水」般的更換專案負責人。

由 Apple 前汽車專案負責人 Steve Zadesky 所領導的團隊希望「Project Titan」專案開發一輛具備半自動駕駛功能的汽車產品，而

Jony Ive 團隊則極力想要打造一個全自動駕駛平台。一個是主張整車製造，一個主張研發完全自動駕駛系統。

由於內部問題，2016 年 1 月，Steve Zadesky 宣佈退出該專案。2016 年 7 月，Apple 已經退休的前高階主管 Bob Mansfield 重返團隊，負責領導造車專案，並將重點放在自動駕駛汽車的「基礎技術」上，而不是實際製造汽車。2016 年 8 月和 9 月，Apple 公司在內部「重啟」後解雇了數十名從事該專案的員工。

隨後有消息傳出，Apple 與大眾汽車合作，將在大眾汽車 T6 Transporter 貨車中安裝其自動駕駛軟體，作為員工的班車。

2018 年 8 月，有傳言稱 Apple 可能會再次探索打造一款完整的 Apple 品牌汽車。郭明錤表示，儘管有傳言稱 Apple 已經停止了自動駕駛汽車的工作，轉而專注於軟體，但 Apple 正在開發一款將於 2023 年至 2025 年間推出的 Apple Car。

2019 年 1 月，Apple 再次淘汰了泰坦計畫團隊，並解雇了 200 多名員工。2020 年，Bob Mansfield 退休，人工智慧主管 John Giannandrea 接手了造車專案。與此同時，Apple 技術副總裁 Kevin Lynch 除了負責 Apple Watch 專案，還在 Apple Car 團隊工作。

直到 2020 年 1 月 29 日，有媒體發現：Apple 在 Arxiv.org 上發表了一篇論文，論文指出，Apple 科學家 Yichuan Charlie Tang 及其團隊正在使用一種方法，模擬車輛並道的駕駛場景，並逐步創建更加多樣化的模擬環境。正如研究人員所解釋的那樣，在自動駕駛領域，變道行為被認為是複雜的操作，因為這需要駕駛系統準確地預測意圖並做出相應的反應。傳統的解決方案會做出假設並依賴於手動編碼的行為，但是這些靈活度受限且脆弱的策略無法很好地處理邊緣情況，例如幾輛車試圖同

時合併到同一車道。與基於規則的系統相比，強化學習透過與環境的反覆交互來直接學習策略。雖然還在模擬環境中測試，但是 Apple 自動駕駛總算是展示了一些像樣的進展。

短暫的穩定以後，Apple 再次遭遇了自動駕駛的多位高階主管相繼離職。2021 年 2 月份，Apple 自動駕駛元老成員 Benjamin Lyon 正式離開。據悉，Benjamin Lyon 是 Apple 自動駕駛汽車專案的創始人之一，曾擔任 Apple 自動駕駛硬體總監。同月，負責自動駕駛汽車安全和監管團隊的 Jaime Waydo 離開 Apple 公司，而這位工程師被 Apple CEO 庫克讚賞為「所有人工智慧專案之母」。隨後幾個月內，陸續又離開了 3 位高階主管，核心員工的離開，讓 Apple 造車專案雪上加霜。

另外，自 2017 年拿到加州測試自駕車的許可之後，Apple 在美國道路上投放了數十輛汽車，一直使用雷克薩斯 SUV 對其系統進行道路測試。根據 2024 年 2 月份加州機動車輛管理局公佈的最新資料，Apple 自動駕駛汽車道路測試車隊 2023 年在加州公共道路上的道路測試里程是有大幅增加的，達到了 45 萬英里（72 萬公里）。不過，這與 Waymo 的 370 萬英里以及通用旗下 Cruise 的 265 萬英里，仍然有不少差距。

不僅如此，Apple 自動駕駛汽車的安全報告又被指出「過於簡單」，內容僅有短短的 7 頁，而安全相關的重點內容則更是少之又少。

目前為止，Apple 進軍汽車行業取得的最大成績，或許就是 CarPlay 軟體，該軟體可以讓駕駛員訪問 iPhone 的地圖和 Siri 等功能。

可以說，雖然 Apple 對於自動駕駛勢在必得，但 Apple 的造車計畫卻在執行過程中步履維艱。雖然夢想很高遠，但 Apple 造車這條路太難走了，就連 CEO 庫克也曾表示過，自動駕駛專案可能是 Apple 進行的最困難的專案之一。終於，十年努力，Apple 最後還是做了這個艱難的決定 —— 放棄 Apple Car 研發計劃。

7.1.2　大型語言模型狂飆，Apple 急了

　　Apple 放棄造車，固然有投入產出不成正比的原因，但困擾 Apple 造車，或者說推動 Apple 放棄造車的更急迫的現實原因卻是大型語言模型。ChatGPT 的成功，把我們帶向了大型語言模型時代，全球範圍內的各個科技巨頭都陸續推出自己的大型語言模型，Apple 面臨著與 Google、亞馬遜和微軟等競爭對手的一場異常激烈的艱苦戰鬥，所有的競爭對手都在人工智慧領域進行了大量、公開的投資。

　　但是，就目前呈現給外界的 AI 成果來看，Apple 在 AI 領域似乎已經落後於 Google、Facebook、微軟、亞馬遜等競爭對手，這主要體現在 iPhone 內建的 Siri 智慧語音助理產品上。Siri 智慧語音助理可以說是 Apple AI 技術產品化最直接的呈現，並且經過了多年的用戶使用於優化，目前還是經常被用戶詬病。使用過 Siri 的人或許都能有所體會，Siri 在理解複雜命令、進行流暢對話以及個性化服務方面，常常無法滿足用戶的期待。這種產品體驗，不僅影響著用戶的使用熱情，還會降低用戶黏性。

　　一項技術一旦沒有足夠的用戶使用黏性，通常最直觀反應的問題就是這類產品離使用者的設想有比較大的偏差，或者說是產品的使用體驗不太好。而用戶不好的使用體驗就會反過來進一步的降低與減少用戶的使用熱情，從而使得訓練資料的獲取變得越來越少。這就會導致 AI 產品的迭代進入一個惡性循環的模式，產品的升級優化速度就會變得越來越慢，這正是目前 Apple 的 Siri 智慧語音助理所面臨的困境。

　　當然，也不是說 Apple 在 AI 方面毫無建樹，只是其技術大多與自家產品深度綁定，其在 AI 的技術探索方向上，更多的是側重藉助於 AI 來提升自身產品的性能，例如晶片與攝影，圖片與分類等，而且又屬於是「藏著掖著」的那種做派。

Apple 的這種不斷緩慢的迭代升級，不論是在軟體還是在硬體層面上的這一種策略，在沒有 ChatGPT 所引發的人工智慧革命性的變革之前，這是非常好的一種策略，也是商業利益最大化的一種策略。而過往，不論是 Apple 的產品發佈會還是開發者大會，都傾向於突出軟體和硬體產品的優化、升級與創新，AI 只是其背後的一種支援技術。

然而，隨著 ChatGPT 的橫空出世，人工智慧的應用場景和用戶期待發生了翻天覆地的變化。ChatGPT 不僅在自然語言處理領域取得了巨大成功，還徹底改變了大眾對 AI 智慧助理的期待。ChatGPT 能夠進行流暢的對話、理解複雜的使用者需求，並提供高度個性化的服務，這正是 Siri 長期以來所欠缺的。這一變化對 Apple 來說無疑是一個警鐘。如果沒有類 ChatGPT 性能的產品，Apple 的整個生態系統 —— 包括 iOS 和各種智慧設備 —— 都可能會受到嚴重的威脅。

大型語言模型的狂飆，讓 Apple 不能不急。好在放棄造車的 Apple，很快就把釋放出來的資源轉移到快速增長的人工智慧專案上，隨著 Apple 開源大型語言模型的問世，Apple 正在迎來關鍵一戰。

7.2 讓 Siri 不再「智障」

雖然直到 2024 年，Apple 才正式發佈了自家的大型語言模型，但在 AI 領域，Apple 也從未放棄過探索。

7.2.1 將 AI 引入 iPhone

iPhone 的 AI 化，或者說將 AI 引入 Apple 的硬體產品，是 Apple 在 AI 領域可以預期的必然發展方向。

2023 年 5 月，提姆·庫克在 Apple 的財報電話會議上表示，人工智慧有「許多問題需要解決」，重要的是「在開發方法上要深思熟慮」，並計畫繼續在深思熟慮的基礎上將 AI 融入到產品中。實際上，早在 2019 年，Apple 就組建了專注於對話式 AI 的團隊，AI 部門主管約翰·詹南德里亞在公司內部領導著大型語言模型的研發，他的工作直接向 Apple CEO 提姆·庫克彙報。但直到 OpenAI 發佈 ChatGPT 之前，這個團隊一直沒傳出過什麼消息。

時間回到 2023 年，彭博社專職報導 Apple 科技新聞的記者馬克·古爾曼（Mark Gurman）透露，AI 研發在 Apple 內部被賦予高度優先順序，公司設計了一套名為「Ajax」的大型語言模型框架。當時的新聞表示，Ajax 相較於 ChatGPT 3.5 在能力上有所超越，且已基於超過 2000 億參數進行訓練。不過，OpenAI 隨後發佈的 GPT-4 模型就已超越 Ajax 洩露出的紙面資料。OpenAI 發佈的 GPT-4 模型已在性能上超越了 Ajax 的初始資料。

可以說，雖然 Apple 頻頻傳來相關的消息，但在 ChatGPT 剛誕生的幾個月裡，Apple 對於如何面向消費者推出生成式 AI 產品尚無清晰策略。

2023 年 9 月，The Information 首次詳細揭露了 Apple 在對話式人工智慧研發的細節。根據報導，儘管僅有 16 人的核心團隊負責這一領域的研究，但 Apple 每日在 AI 研發上的投入高達數百萬美元，Apple 的核心目標之一是改造 Siri，使其能夠執行更複雜的多步驟任務，並最終將生成式 AI 技術融入 Siri 語音助理。

　　到這裡，我們也可以看出 Apple 對於 AI 的勢在必行 ── Apple 希望透過對 AI 的探索，最終將 AI 融入 Siri。正如上一節已經提到的，AI 是 Apple 的「心病」。

　　負責 2014 年改進 Siri 的前 Apple 工程師 John Burkey 曾如此批評 Siri「基於笨拙的程式碼構建」，其「累贅的設計」使得工程師很難添加新功能，即使是最基本的功能更新也需要數周時間。比如，Siri 的資料庫包含接近二十多種語言的大量短語清單，形成一個「大雪球」。因此，Burkey 認為，Siri 最終無法成為像 ChatGPT 那樣的人工智慧助理。

　　為了優化 Siri，Apple 也做了很多努力。比如，Apple 公司的研究人員一直在研究「無需使用喚醒詞即可使用 Siri」的方法，也就是讓語音助理「憑直覺」判斷機主是否正在與其交談，而不是聆聽「嘿 Siri」或「Siri」。

　　2023 年 10 月，Apple 的研究人員發表了一篇論文，著眼於解決 Siri 在處理使用者對話時經常遇到的一個問題，那就是如何區分用戶是在提出一個新的問題，還是在就先前的話題繼續提問（圖 7-1）。這種情況通常在對話中很常見，但對於語音助理來說，正確解讀用戶的意圖卻是一個技術挑戰。

　　為了讓 Siri 能更準確地理解用戶的意圖，Apple 的研究人員利用了大型語言模型（LLM）的能力，透過分析大量的語言資料學習如何預測和理解人類語言的複雜性和多樣性。研究團隊特別關注了如何優化 Siri 對於「模稜兩可的詢問」的處理，這類詢問的特點是表達不明確，可能會讓 Siri 難以判斷用戶是在繼續之前的對話線索，還是已經轉向一個全新的話題。

STEER: Semantic Turn Extension-Expansion Recognition for Voice Assistants

Leon Liyang Zhang*, Jiarui Lu*, Joel Ruben Antony Moniz*, Aditya Kulkarni,
Dhivya Piraviperumal, Tien Dung Tran, Nicholas Tzou, Hong Yu
Apple
{leonliyang_zhang, jiarui_lu, jramoniz, aditya,
dhivyaprp, dung_tran, ntzou, hong_yu}@apple.com

圖 7-1

除了對於 Siri 的優化，Apple 在大型語言模型的另一項研究挑戰
是：怎麼把動輒千億參數的這些 AI 大型語言模型塞到小小的 iPhone
裡面？

為此，2023 年年底，Keivan Alizadeh 等人發佈了一篇論文，針對
優化人型語言模型在設備上的運行效率進行了研究（圖 7-2）。這項研
究著重於在模型推斷階段，即 AI 進行決策的過程中，減少從設備儲存
（快閃記憶體）到記憶體（DRAM）的資料移轉量。這種優化至關重
要，因為它直接關係到設備運行 AI 應用的速度和效率。

**LLM *in a flash*:
Efficient Large Language Model Inference with Limited Memory**

Keivan Alizadeh, Iman Mirzadeh*, Dmitry Belenko*, S. Karen Khatamifard,
Minsik Cho, Carlo C Del Mundo, Mohammad Rastegari, Mehrdad Farajtabar
Apple †

圖 7-2

Apple 研究團隊開發了一套推理成本模型，這套系統能夠與設備的儲存特性和操作方式緊密配合，從而優化整個資料處理流程。具體來說，他們實施了兩種關鍵技術來達到這個目標。第一種是「視窗化」策略，這種方法透過智慧地複用近期已經使用過的資料，大幅減少了資料的重複載入需求。第二種技術被稱為「行列捆綁」，它透過優化資料的儲存佈局，每次從儲存中讀取的資料塊更大更連貫，這非常適合快速讀取資料的需要。

這些創新技術在 Apple 的 M1 Max CPU 上得到了實際應用，與傳統的資料載入方案相比，推理效率提高了 4 至 5 倍。而當這些技術應用到 GPU（圖形處理單元）環境時，效率提升更是達到了驚人的 20 至 25 倍。

展望未來，這些優化技術或將很快賦能諸如 iPhone、iPad 以及其他行動裝置，使複雜的 AI 助理和聊天機器人在這些平台上的運行更加流暢。

7.2.2　姍姍來遲的 Apple 大型語言模型

如果說 2023 年 Apple 在 AI 的動作還讓人有些難以捉摸，那 2024 年全面專攻 AI 的 Apple 可謂是大顯身手了。尤其是在放棄造車的消息傳出後，Apple 很快就推出了自研的大型語言模型。

3 月 15 日，Apple 透過一篇名為《MM1: Methods, Analysis & Insights from Multimodal LLM Pre-training》的研究論文，官方正式宣佈了其在多模態大型語言模型領域的研究成果（圖 7-3）。

MM1: Methods, Analysis & Insights from Multimodal LLM Pre-training

Brandon McKinzie°, Zhe Gan°, Jean-Philippe Fauconnier*,
Sam Dodge*, Bowen Zhang*, Philipp Dufter*, Dhruti Shah*, Xianzhi Du*,
Futang Peng, Floris Weers, Anton Belyi, Haotian Zhang, Karanjeet Singh,
Doug Kang, Hongyu Hè, Max Schwarzer, Tom Gunter, Xiang Kong,
Aonan Zhang, Jianyu Wang, Chong Wang, Nan Du, Tao Lei, Sam Wiseman,
Mark Lee, Zirui Wang, Ruoming Pang, Peter Grasch*,
Alexander Toshev[†], and Yinfei Yang[†]

Apple
bmckinzie@apple.com, zhe.gan@apple.com
°First authors; *Core authors; [†]Senior authors

圖 7-3

　　具體來看，研究團隊透過詳細分析圖像編碼器、視覺 - 語言連接器以及預訓練資料的選擇，揭示了多模態預訓練的一些關鍵設計原則。

　　其中一個重要的發現是，在大規模多模態預訓練中，混合使用圖像 - 文字、交錯的圖像 - 文本資料和純文字資料，能夠在多個基準測試中實現最先進的少量樣本結果。這意謂著，透過巧妙組合不同類型的資料，可以顯著提升模型的表現。此外，論文還指出，圖像編碼器的設計、圖像解析度和圖像標記數量對模型性能有著重大影響，而視覺 - 語言連接器的設計則相對影響較小。這些發現為未來的多模態模型設計提供了寶貴的指導。

　　基於這些研究成果，團隊開發了 MM1 系列多模態模型，包括密集模型和專家混合（MoE）變體。這些模型在預訓練階段就實現了業界最先進的性能，並且在經過監督微調後，在一系列多模態基準測試中表現出色。MM1 模型憑藉大規模預訓練，展現出許多令人印象深刻的特性，例如增強上下文學習能力和多圖像推理能力。這使得 MM1 能夠透過少量樣本提示，進行複雜的思維鏈推理。

　　Apple 的這一研究不僅展示了其在多模態大型語言模型領域的技術深度，也為未來的 AI 發展提供了新的方向和思路。透過優化預訓練方法和資料組合，MM1 系列模型有望在更多實際應用中展現出強大的能力和競爭力。

　　在論文發佈不久後，4 月 8 日，Apple 就發佈了其最新的多模態大型語言模型（MLLM）── Ferret-UI，專為移動使用者介面設計。這款模型比之前的 GPT-4V 在所有基本 UI 任務上表現得更為出色。Ferret-UI 具備理解和與螢幕資訊交互的強大能力，能夠透過指向、定位和推理等多種方式處理 UI 任務。

　　Ferret-UI 的獨特之處在於它能夠靈活接受各種輸入格式，比如點、框和塗鴉，並執行諸如查詢小部件、圖示和文本等任務。它可以在移動介面上準確識別和引用螢幕元素。Ferret-UI 的一個重要特點是它具備「任何解析度」（anyres）技術，這項技術透過放大螢幕細節，提高了對小型物件的識別精度，使模型對 UI 元素的理解更加精準。

　　這種細緻的任務處理為 Ferret-UI 提供了豐富的視覺和空間知識，使其能夠在粗略和精細的層面上區分不同的 UI 類型，包括各種圖示和文本元素。Ferret-UI 不僅能詳細描述和感知視覺元素，還能在互動對話中提出目標導向的動作，並透過函數推理來理解和操作整個螢幕的功能。這使得 Ferret-UI 在處理行動裝置上的使用者介面時，展現出了前所未有的靈活性和智慧性。

　　此外，4 月 25 日，Apple 又在 Hugging Face 平台發佈了「具有開源訓練和推理框架的高效語言模型」，名為 OpenELM。同時，Apple 徹底開源了 OpenELM 模型權重和推理程式碼，資料集和訓練日誌等。而且，Apple 還開源了神經網路庫 CoreNet。

具體來看，OpenELM 有指令微調和預訓練兩種模型版本，共有 2.7
億、4.5 億、11 億和 30 億 4 種參數，提供生成文本、程式碼、翻譯、
總結摘要等功能。

雖然最小的參數只有 2.7 億，但 Apple 使用了包括 RefinedWeb、
去重的 PILE、RedPajama 的子集和 Dolma v1.6 的子集在內的公共資料
集，一共約 1.8 兆 tokens 資料進行了預訓練，這也是其能以小參數表現
出超強性能的主要原因之一。比如，11 億參數的 OpenELM，比 12 億
參數的 OLMo 模型的準確率高出 2.36%，而使用的預訓練資料卻只有
OLMo 的一半。

在訓練流程中，Apple 採用了 CoreNet 作為訓練框架，並使用了
Adam 優化演算法進行了 35 萬次迭代訓練。而 Apple 的 MobileOne、
CVNets、MobileViT、FastVit 等知名研究都是基於 CoreNet 完成的。

Apple 在相關的論文中還表示，與傳統只提供模型權重和推理程式
碼的做法不同，他們提供了一個完整的在公開資料集上訓練和評估語
言模型的框架。這包括訓練日誌、多個檢查點和預訓練配置的詳細資
訊。此外，Apple 還提供了程式碼，幫助開發者將 OpenELM 模型轉換
為 MLX 函式庫，以便在各種 Apple 設備上進行推理和微調。

另外，OpenELM 的設計避免使用任何全連接層中的可學習偏置參
數，而是採用了 RMSNorm 技術進行預歸一化，以及旋轉位置嵌入技術
來精確編碼位置資訊。模型還採用了一些創新的技術，如分組查詢注意
力機制來替代傳統的多頭注意力機制，SwiGLU 前饋網路替代了傳統前
饋網路，以及 Flash 注意力機制來進行縮放點積注意力的計算，這些都
大幅提升了模型的訓練和推理效率。同時，Apple 使用了動態分詞和資
料過濾的方法，實現了即時過濾和分詞，從而簡化了實驗流程並提高了

靈活性。為保持實驗的一致性，OpenELM 則採用了與 Meta 的 Llama 模型相同的分詞器。

OpenELM 的發佈，引起了業界的廣泛關注。要知道，OpenELM 定位於超小規模模型，這種小模型有一個好處，就是運行成本更低，可以在手機和筆記型電腦等設備上運行。也就是說，OpenELM 是一款專為終端設備而設計的小模型。

OpenELM 的發佈，顯然瞄準了 Google、三星、微軟這類的競爭對手。在當前小模型運行成本更低，且針對手機和筆記型電腦等設備進行了優化的背景下，OpenELM 的推出無疑為 Apple 在終端市場爭奪更多佔有率提供了有力支援。值得一提的是，OpenELM 不僅能在配備高性能硬體的筆記本上運行，還可以在 M2 MacBook Pro 等 Apple 自家設備上流暢運行。這一特性使得 OpenELM 在終端市場上具有更廣泛的適用性和更高的競爭力。

從多模態大型語言模型到開源小模型，在大型語言模型領域，Apple 正在加速追趕。

7.2.3　Apple 竟然開源了？

在這場大型語言模型的激烈競爭中，Apple 除了推出自家大型語言模型外，更有意思的地方是 —— Apple 竟然開源了大型語言模型。要知道，一直以來，Apple 都是以閉環的霸道著稱，那麼，這一回，Apple 為什麼會在 AI 大型語言模型上就開源了呢？

Apple 的開源早有預告，事實上，在 2023 年 10 月，Apple 就悄然發佈了 Ferret 開源多模態大型語言模型的論文（圖 7-4）。根據論文，多模態模型 Ferret 已經能夠理解和處理圖像中任意形狀或細微性級別

的空間參照，並準確地對開放詞彙描述進行定位。Ferret 的核心創新是它採用的混合區域表示方法，這種方法結合了離散的座標和連續的特徵，共同描述圖像中的特定區域。這不僅融合了傳統上分開處理的參照（referring）和定位（grounding）任務，還在 LLM 的框架內實現了兩者的統一。

FERRET: REFER AND GROUND ANYTHING ANYWHERE AT ANY GRANULARITY

Haoxuan You[1][†], Haotian Zhang[2][†], Zhe Gan[2], Xianzhi Du[2], Bowen Zhang[2], Zirui Wang[2], Liangliang Cao[2], Shih-Fu Chang[1], Yinfei Yang[2]
[1]Columbia University, [2]Apple AI/ML
haoxuan.you@cs.columbia.edu, {haotian_zhang2, zhe_gan, yinfeiy}@apple.com

圖 7-4

　　為了提取不同區域的連續特徵，Apple 提出了一種空間感知的視覺採樣器。這種採樣器擅長處理不同形狀間變化的稀疏性，使得 Ferret 能夠接受多樣化的區域輸入形式，包括點、邊界框以及自由形態的形狀。這一設計顯著增強了模型處理複雜視覺資訊的能力。

　　為了強化 Ferret 的這些特有能力，研究團隊還精心構建了 GRIT 資料集，這是一個全面的參照與定位指令微調資料集，包含 110 萬個樣本，這些樣本富含層次化的空間知識，並特別加入了 9.5 萬個困難負例資料來增強模型的穩健性。GRIT 資料集的設計旨在透過豐富的訓練實例，促進模型在理解和生成基於空間關係的多模態指令方面的表現。實驗結果顯示，Ferret 不僅在經典的參照和定位任務上取得了卓越的性能，在基於區域的以及需要精確定位的多模態對話任務上，其表現更是遠超當時的其他多模態大型語言模型。

　　評估還揭示了 Ferret 在描述圖像細節方面的顯著提升，以及在減少臭名昭著的「幻覺」（hallucination）現象上的明顯改善。這意謂著 Ferret 不僅能更準確地理解和生成與圖像內容相關的語言描述，還能在描述過程中減少不準確或不存在資訊的引入，從而提高了生成內容的真實性和可靠性。

　　不過，在當時，這篇論文並未引發廣泛關注，直到 2024 年 4 月，Apple 推出了真正可實測的開源大型語言模型 OpenELM。Apple 開源大型語言模型的發佈讓人意外，畢竟，Apple 歷來的傳統，就是堅持封閉系統、保密、嚴格的保密協議，甚至對微小創新也會嚴格申請專利。

　　但其實，Apple 對於大型語言模型的開源是非常有道理的。一方面，隨著像 OpenAI 的 ChatGPT 等模型的興起，AI 領域已經迅速發展成一個需要極大計算資源和技術創新的戰場。雖然 Apple 擁有雄厚的資金和資源，在硬體和軟體領域均具備強大的設計和開發能力，但其現有的基礎設施並不完全適配於支撐那些需要巨大計算能力和儲存空間的複雜 AI 模型。傳統上，Apple 的業務模式強調產品和服務的封閉性和整體控制，這在確保使用者體驗和系統安全性方面發揮了重要作用。然而，這種模式在 AI 這個快速變化和高度依賴開放創新的領域顯得有些局限。

　　而透過開源其 AI 模型，Apple 不僅可以利用全球開發者社群的力量來加速技術研發和應用創新，還能透過這種方式節省大量在基礎設施上的直接投資。這種策略的背後邏輯是，透過廣泛的協作和共用，可以更快地解決技術難題，加速產品開發週期，同時也為公司帶來從外部環境學習和適應新技術的機會。此外，開源策略有助於 Apple 建立更加堅實的技術基礎，為其產品和服務創造更多的可能性。例如，透過社群的

貢獻，Apple 可以更快地完善其 AI 模型的功能，優化演算法，並針對具體應用場景開發新的功能和服務，這些直接對消費者有益的創新可以進一步鞏固其市場地位。

另一方面，Apple 的開源其實也是一種無奈，當前，各大手機廠商比如華為、三星等都在積極推動搭載先進 AI 功能的智慧手機。這些公司不僅在本地市場佔有優勢，而且在全球市場上也表現出越來越強的競爭力。這一趨勢迫使 Apple 必須快速反應，採取措施保持其在高端智慧手機市場的領導地位。

可以說，Apple 已經來不及慢慢積累了，只能將 AI 模型開源給大家，透過將其 AI 技術開源，Apple 不僅能夠吸引全球的開發者和科學研究人員共同參與模型的改進，還能迅速地吸納和整合來自不同背景和專業知識的創新想法。這種策略有助於 Apple 在短時間內實現技術的飛躍。另外，透過開源策略，Apple 可以更好地與中國及其他國家的開發者社群接軌，藉此瞭解和適應各地市場的具體需求和偏好。

2011 年推出 Siri 時，Apple 曾一度走在語音助理創新的前沿，適應著全球用戶的需求。時間一點點推進，Siri 逐漸變成大家所調侃的「人工智障」，但如今，AI 的到來似乎又為 Apple 提供了一個恰逢其時的轉型契機。幸運的是，Apple 在 AI 時代默默的佈局和積累，讓其在 2024 年的今天，當我們在討論 AI 時，依然不能忽視 Apple 的存在。

Note

8

Cohere：大型語言模型的行業新星

8.1　Cohere 的聰明選擇

8.2　在夾縫中突圍的 Cohere

8.1 | Cohere 的聰明選擇

大型語言模型在這個競爭激烈的領域中，OpenAI 並非唯一的參與者，除了 Google、Meta、Apple 等科技巨頭外，新的競爭者也在不斷崛起，比如 Anthropic，比如 Cohere —— 那麼，作為一家源自加拿大的初創企業，Cohere 能夠在激烈的競爭中脫穎而出，獲得眾多投資者的青睞，究竟是如何做到的呢？

8.1.1 Cohere 的創立故事

Cohere 的故事始於加拿大多倫多。2019 年，艾丹·戈麥斯（Aidan Gomez）、Nick Frosst 和 Ivan Zhang 三位創始人聯合創辦了這家自然語言處理（NLP）公司，旨在利用大型 NLP 模型為外界提供 API 服務，以提高電腦對文本的理解和生成能力，從而推動 NLP 技術的發展和應用。

Cohere 的三位創始人都在多倫多大學攻讀本科系。Gomez 隨後在牛津大學獲得了電腦科學博士學位。Gomez 和 Frosst 都在後來成為多倫多 Google 大腦的人工智慧研究人員，這也為他們累積了豐富的技術和行業經驗。

在 Google 工作期間，年僅 20 歲的 Gomez 與同行合著了一篇名為《Attention Is All You Need》的論文 —— 這篇論文開創了 Transformer 模型，而這正是後來 ChatGPT 等大型語言模型的技術基礎。當然，也是因為在 Google 大腦的工作經歷、Transformer 作者之一的光環，讓 Cohere 的早期融資之路十分順遂。

Gomes 曾這樣描述公司的起源：「Nick、Ivan 和我創立 Cohere 整個目標是將這項技術、大型語言模型引入行業；將其推向世界並促進採用。沒有人真正知道大型語言模型是什麼，這是一個研究專案，有趣的技術，但沒有真正的商業應用。但我相信，我們的語言……這對世界來說將越來越有價值。」

最初，團隊並不太清楚他們想要為商業案例建構什麼樣的產品。然而，公司成立後不久，OpenAI 發佈了 GPT-3，這代表了大型語言模型的拐點。

正如 Gomes 所言：「剛開始時，我們並不真正知道我們想要建構什麼產品 ...... 我們只是專注於建構基礎設施，以使用我們可以獲得的任何計算在超級電腦上訓練大型語言模型。很快在我們啟動 Cohere 後，GPT-3 出現了，這是一個巨大的突破時刻，非常有效，並給了我們『一個指示』，表明我們正在走上正確的道路。」

8.1.2 瞄準企業大型語言模型

在大型語言模型這個競爭激烈的賽道上，Cohere 把目光轉向了企業客戶 —— 特別是那些希望使用獨立人工智慧平台的公司。對於這些企業來說，自主開發和訓練複雜語言模型既需要巨大的資金投入，也需要高水準的專業人才。但對於大多數的企業來說，具備這樣的條件並不現實。

對於一家企業而言，想要入局大型語言模型，首先面臨的便是高昂的成本問題。雖然像 FAANG（Facebook、Apple、Amazon、Netflix、Google）這樣的大型科技公司以及 OpenAI 這樣的競爭對手擁有豐富的資源，可以負擔這類高成本的專案，但對於大多數企業而言，這仍然是個巨大的挑戰。

　　正是基於這一點，Cohere 才將戰略定為為企業提供一種經濟高效的解決方案，即透過提供一個獨立的平台，企業可以在無需自行承擔巨額研發費用和技術投入的情況下，利用先進的人工智慧技術來推動業務發展。這不僅節省了企業的成本，還減少了在建構和維護複雜模型上的技術難題。

　　從商業模式來看，Cohere 旨在透過其大型語言模型提供廣泛的文本處理能力，同時透過基於使用量的定價策略來收回前期成本和持續的運營費用。為了適應不同客戶的需求和預算，Cohere 提供了三種定價等級：免費、產品和企業。

　　對於剛剛開始或正在進行學習和原型設計的用戶，Cohere 提供了免費的訪問選項。這一選項允許使用者訪問所有 Cohere 的 API 端點，但對使用速率進行了限制。這種方式讓使用者可以低成本地探索和試驗 Cohere 的技術，從而瞭解其潛力和適用性。

　　對於需要更大規模和更高性能的企業，Cohere 提供了「產品」級別的定價方案。這一方案不僅增加了對所有 API 端點的訪問速率限制，還提供了增強的客戶支援和根據客戶提供的資料訓練自訂模型的能力。Cohere 根據使用的 Token 數量收費，不同的 API 端點價格各不相同，例如嵌入端點每個 Token 收費 0.0000004 美元，而重新排序端點每個 Token 收費 0.001 美元。透過這種基於使用量的定價模式，使用者可以根據實際需要支付相應費用，靈活控制成本。

　　對於大型企業和有特殊需求的客戶，Cohere 則提供了「企業」級別的定價方案。這一方案包括專用模型實例、最高級別的支援和自訂部署選項，以確保企業能夠獲得最佳的服務和性能。企業級的定價未公開，通常需要客戶與 Cohere 直接聯繫，以根據具體需求進行定制報價。

總而言之，Cohere 的商業模式就是透過免費試用吸引潛在客戶，透過基於使用量的定價來靈活收取費用，並透過高端定制服務滿足大型企業的複雜需求。這樣不僅能夠覆蓋廣泛的市場，還能確保不同規模和需求的客戶都能找到適合自己的解決方案。這種商業模式使得 Cohere 能夠有效收回其在模型開發和運營上的成本，同時提供優質的服務來滿足客戶的多樣化需求。

可以說，在大型語言模型賽道上，Cohere 做了一個聰明的選擇。Cohere 沒有像 Google、Meta 這樣的科技巨頭一樣執著於研發更強大的大型語言模型，而是將市場策略精準定位到企業。Cohere 清晰地認識到，不同客戶群體有著不同的需求和預算。因此，它採用了靈活的定價策略，提供了免費、產品和企業三個等級的服務。Cohere 基於 Token 數量的收費方式，使客戶能夠根據實際使用情況靈活控制成本。此外，Cohere 還提供了專門針對大企業的企業級服務，包括專用模型實例和最高級別的客戶支援。透過這種層次分明、靈活多樣的市場策略，Cohere 成功地覆蓋了廣泛的客戶群體，Oracle、Notion、Jasper、Spotify、HyperWrite 和 Glean 等都是 Cohere 的重要客戶。

8.2 | 在夾縫中突圍的 Cohere

在大型語言模型領域，Cohere 無疑是一顆新星，而 Cohere 之所以受到關注，除了在商業模式上的聰明選擇外，更重要的則在於其模型的優越性。

8.2.1　Cohere 的產品

從產品角度來看，Cohere 致力於訓練大型語言模型（LLMs），以實現文本摘要、內容創建和情感分析等功能，其語言模型主要針對三個關鍵案例進行了優化：文本檢索、文本生成和文本分類。透過這些案例，Cohere 旨在為企業提供強大的工具，以提升其資料處理和內容管理能力。

在文本檢索方面，Cohere 的產品提供了三個主要的 API 端點，分別是嵌入（Embed）、語義搜尋（Semantic Search）和重新排名（Rerank）。

嵌入端點支援英語及 100 多種語言的準確嵌入，使使用者能夠發現資料中的趨勢，比較不同語言之間的關係，並根據這些資料建構自己的文本分析應用程式。這種多語言支援為全球企業提供了廣泛的應用場景，幫助他們在不同的語言環境中進行有效的文本處理。

語義搜尋端點則為用戶提供了基於含義的文本、文件和文章搜尋功能，而不僅僅依賴於關鍵字。透過這種語義理解，開發人員能夠為各種語言建構更智慧、更高效的搜尋系統。這種能力不僅提升了搜尋的準確性，還改善了使用者體驗，因為系統能夠更好地理解使用者的意圖和上下文。

重新排名端點則透過提高關鍵字或向量搜尋系統的搜尋品質，幫助系統更好地理解上下文和查詢的含義。這個端點的設計旨在對現有系統進行最小程度的修改，從而實現顯著的性能提升。透過這些工具，企業能夠在不大幅改變現有基礎設施的情況下，顯著提高其搜尋系統的效率和效果。

在文本生成方面，Cohere 同樣提供了三個主要的 API 端點：Summarize、Generate 和 Command Model。

Summarize 端點提供了強大的文本摘要功能，使使用者能夠從長篇文章或文件中提取並總結關鍵資訊。這一功能對於需要快速獲取資訊的使用者來說，尤為重要。透過 Summarize，使用者可以高效地處理大量文本內容，從而更快地做出決策。

Generate 端點則專注於生成上下文相關且類似人類撰寫的文本。無論是電子郵件、登陸頁面還是產品描述，Generate 都能根據提供的主題和提示生成相關的內容。這使得使用者能夠快速創建高品質的文本，從而滿足各種業務需求。透過這種文本生成能力，企業可以顯著提升其內容創建效率，減少人工撰寫的時間和成本。

作為 Cohere 的旗艦文本生成模型，Command Model 旨在執行使用者命令，如撰寫電子郵件或回答文件問題。這個模型可以根據客戶的資料和語言進行訓練，從而提供定制化的解決方案，滿足獨特的業務需求。這種定制化能力使得 Command Model 成為一個強大的工具，能夠根據具體應用場景進行優化，從而實現最佳性能。

在文本分類方面，Cohere 提供了一個強大的 API 端點，專注於識別文本的含義和見解。Classify 端點的應用包括產品評論的內容審核和情感分析。透過這個端點，企業可以快速識別文本中的情感傾向，從而更好地理解客戶的回饋和需求。此外，Classify 端點還可以用於聊天機器人體驗和客戶支援，幫助企業提升其客戶服務品質。

Cohere 的 API 端點和 LLM 產品不僅提供了強大的功能，還允許客戶提供自己的資料，以接收針對其資料進行微調的定制模型。這種定制化服務確保了模型能夠根據具體業務需求進行優化，從而實現最佳性

能。透過這些工具，企業能夠更高效地處理和管理其文本資料，從而提升整體業務效率。

Cohere 的首席執行官 Aidan Gomez 曾對其產品進行了深入的描述：「我們嘗試建構特定用途的解決方案。我們有總結端點，我們有分類端點。我們發現這更像是一個成熟產品。對於這項技術，人們最興奮的是它的通用性。我們不是為他們提供問題的解決方案，而是為他們提供一個通用平台（Cohere 模型）。就像這個通用軟體，可以在合理的範圍內解決遇到的任何問題。」

透過這種通用平台，Cohere 不僅為企業提供了強大的工具，還為他們提供了一個靈活的解決方案，能夠適應各種應用場景。無論是文本檢索、文本生成還是文本分類，Cohere 的產品都能夠幫助企業提升其資料處理能力，從而實現更高效的業務運營。透過與雲端合作夥伴（如 AWS）的合作，Cohere 能夠安全地儲存資料，確保客戶資料的安全性和隱私性。

此外，Cohere 還提供定制模型培訓服務，以更高效地幫助其大型語言模型客戶。這種服務確保了模型能夠根據具體業務需求進行優化，從而實現最佳性能。透過這些定制化服務，企業能夠獲得更高效的文本處理解決方案，從而提升整體業務效率。

總而言之，Cohere 主要就是透過其強大的大型語言模型和 API 端點，為企業提供全面的文本處理解決方案。透過文本檢索、文本生成和文本分類三個關鍵案例，Cohere 能夠幫助企業提升其資料處理能力，從而實現更高效的業務運營。透過與雲端合作夥伴的合作和定制模型培訓服務，Cohere 則確保了其產品的靈活性和安全性，滿足了企業的多樣化需求。

8.2.2　Cohere 最新力作：Command R+ 模型

2024 年 4 月 5 日，Cohere 在官網發佈了全新模型——Command R+，立即引發了關注。

Command R+ 是 Cohere 推出的最先進、優化了檢索增強生成（RAG）的模型，作為一款先進的大型語言模型（LLM），Command R+ 不僅提升了模型處理能力，還在企業級應用中展示了其強大的功能，尤其是在自動化和多語言支援方面。這款模型透過其獨特的檢索增強生成（RAG）技術，優化了從大規模資料中檢索資訊的能力，大幅度提高了生成文本的準確性和相關性。

實際上，Command R+ 的設計初衷正是為了處理複雜的企業工作負載，特別是在需要處理和生成大量資料的商業環境中。這款模型首次在 Microsoft Azure 平台上推出，這不僅標誌著 Cohere 與微軟在雲端運算和 AI 領域深度合作的新階段，也意謂著 Cohere 模型的服務能力和可訪問性將大幅提升。

Command R+ 具備 128k 的 token 上下文視窗，這使得模型能夠處理更長的文本，理解和生成更加複雜的內容，這在商業應用中尤為重要，如法律審查、市場分析報告等需要深度理解和詳細內容生成的場景。

Command R+ 的多語言支援覆蓋了全球主要的商務語言，包括英語、法語、西班牙語、德語等十種語言，這使得它特別適合全球化公司使用。這種廣泛的語言支援不僅幫助企業更好地服務於不同地區的客戶，還能處理多種語言的文件，極大地提高了企業在國際市場的競爭力。

此外，Command R+ 透過其進階的 RAG 功能，即檢索增強生成技術，提高了資訊檢索的準確性和生成內容的品質。RAG 技術透過先進

的演算法從大量資料中檢索相關資訊，然後結合當前的查詢需求生成精準、詳細的回答或內容，這在商業決策支援、客戶服務自動化等方面非常有價值。

在自動化商業流程方面，Command R+ 透過其工具使用功能展現出強大的能力。它不僅可以自動化標準的資料處理任務，還能進行複雜的業務決策支援。例如，Command R+ 可以自動從財務報告中提取關鍵資料，幫助制定預算策略，或從市場回饋中分析消費者情緒，指導產品開發和行銷策略的調整。這種進階的自動化處理不僅減輕了員工的工作負擔，還提高了業務流程的效率和準確性。

Command R+ 還特別強調資料安全和隱私保護，這對於企業級應用非常重要。在保護客戶資料的同時，它還確保生成的內容符合各地區的法規和標準。尤其是在處理敏感資訊，如個人資料、財務記錄等時，這一點尤為重要。Cohere 透過在 Azure 平台上部署 Command R+，利用微軟的先進安全技術，為用戶提供了一層額外的安全保障。

Command R+ 在市場上的表現非常亮眼，它不僅在性能上超越了其他模型，包括 GPT-4-Turbo 等知名模型，而且在成本效益上也表現出色。透過優化 Token 的生成和使用，Command R+ 能夠在降低運營成本的同時，提供高品質的服務。這一點在企業尋求優化成本和提高效率的今天尤其重要。

目前，Cohere 還在計畫將 Command R+ 擴展到其他雲端平台，如 Oracle Cloud Infrastructure（OCI），這將進一步提高模型的可訪問性和靈活性。透過與 Oracle 等其他雲端服務提供者的合作，Cohere 不僅能夠利用這些平台的先進技術和服務，還能夠接觸到更廣泛的客戶群，特別是那些對雲端服務有特殊需求的大型企業。

可以說，Command R+ 的推出是 Cohere 在 AI 領域的一個重要里程碑。這款模型憑藉其高效的處理能力、先進的技術特性和強大的多語言支援，在全球市場中脫穎而出。隨著 AI 技術的不斷進步和市場需求的日益增長，Command R+ 有望在未來的企業級應用中發揮更大的作用，幫助更多企業實現數位化轉型和智慧化升級，推動全球商業環境的創新和發展。

8.2.3　Cohere 的風險和挑戰

當前，憑藉其先進的語言模型和靈活的商業模式，Cohere 已經得到了廣泛的認可，但是，隨著開源大型語言模型加入這場混戰，Cohere 的風雨正在到來。開源社群的創新能力和快速進步，正在改變 AI 行業的競爭格局，這對 Cohere 這樣的閉源模型提供商來說是一次重大的考驗。

Meta 的 LLaMA 模型是開源大型語言模型崛起的一個重要節點。2023 年 3 月，開源社群 Hugging Face 上出現了一個真正有能力的基礎模型 ── 被洩露的 LLaMA（後更名為 Llama）。它是 Meta 開發的第一代大型語言模型，沒有指令調整，也沒有「基於人類回饋的強化學習」。儘管如此，社群裡的開發者立刻明白了他們所看到的東西的重要性，並開始積極地進行二次開發和優化。這種開源模式使得更多的開發者可以參與進來，共同推動模型的進步和完善。

幾個月後，一份據稱來自 Google 內部的洩漏文件進一步揭示了開源模型對閉源模型的衝擊。文件聲稱「Google 沒有護城河，OpenAI 也沒有」，兩家公司在大型語言模型領域的共同點在於：模型都是閉源的。這份文件列舉了 Llama 洩漏以來開源社群裡的模型大爆炸 ── 這

些創新大多來自普通開發者。這種現象表明，訓練大型語言模型的門檻正在迅速降低，從原本需要大型研究機構的高成本操作，變成了一個人、一台筆記型電腦、一個晚上的工作量。

對於原來被 Cohere 視為主要客戶的 B 端企業使用者來說，這大幅降低了企業在公司內部部署一個私有模型的門檻，並且，這是免費的。過去，企業往往需要依賴 Cohere 這樣的公司提供的閉源模型來滿足其 AI 需求，這不僅涉及高昂的費用，還需要複雜的部署和維護。然而，開源模型的出現大幅降低了企業內部部署私有模型的門檻，這對於預算緊張的中小企業來說，具有極大的吸引力。

顯然，開源模型對於閉源模型是一種威脅，開源會形成一種群眾外包式的創新，從而使模型更加快速地優化。這種群眾外包式創新已經使開源的 Stable Diffusion 模型的表現優於 OpenAI 閉源的 DALL·E 模型。今天，活躍在文字生成圖片市場的 Stability、Midjourney、Runway 等公司所使用的模型都是 Stable Diffusion。如果 OpenAI 難以對抗開源的力量，Cohere 可以嗎？

特別是今天，隨著越來越多的大型語言模型加入開源戰場中，Cohere 的競爭優勢或許將不復存在 —— 如果更多的開發人員和組織採用這些免費的替代方案，Cohere 可能會在吸引和留住客戶方面面臨挑戰。雖然 Cohere 的模型可以提供獨特的特性和功能，但考慮到免費、高品質的替代方案的可用性，其價值主張對於某些客戶來說依然可能不夠有吸引力。面對這些挑戰，Cohere 則需要不斷創新並使其產品脫穎而出，以維持其市場地位。

9 大型語言模型下一站：開源還是閉源？

9.1 | 技術圈的「開源」之爭

在技術圈，開源與閉源的爭論從未停歇。作為兩種截然不同的軟體發展模式，有人支持開源，也有人支持閉源。開源和閉源，到底在爭什麼？

9.1.1 開源不僅是開放原始程式碼

開源（Open Source）的起源可以追溯到電腦技術初期，那時候，軟體和硬體就像是一對連體嬰一樣密不可分，使用者常常需要自己編寫或修改軟體來解決問題。早期的電腦使用者和開發者們常常分享他們的程式碼和技術，以幫助彼此克服技術挑戰。這種共用文化奠定了開源軟體發展的基礎。

到 1955 年，IBM 為了讓大家都能深入研究他們的作業系統，發起了一個名為「IBM 用戶組分享」的計畫。這個計畫允許使用者自由分享和修改 IBM 的作業系統程式碼，促進了技術交流和創新。透過這種方式，許多使用者能夠深入研究 IBM 的作業系統，提出改進意見並進行實際的修改。這種早期的開源實踐，為後來的開源運動提供了寶貴的經驗和範例。

70 年代中葉，隨著電腦技術的發展，軟體開始逐漸脫離硬體，成為一種獨立的商品。軟體公司開始意識到軟體的商業價值，逐漸停止了與硬體捆綁免費提供軟體的做法。相反，軟體被單獨出售，成為公司盈利的重要來源。這種變化導致了軟體共用文化的萎縮，開發者之間的自由交流和共用受到了限制。

為了反對這種趨勢，自由軟體運動（Free Software Movement）開始興起，Richard Stallman 在 1983 年發起了 GNU 專案，旨在創建一個完全自由的作業系統，以替代當時專有的 Unix 系統。GNU 專案的目標是確保使用者能夠自由使用、修改和分發軟體。1985 年，Stallman 成立了自由軟體基金會（Free Software Foundation，FSF），以推動自由軟體的發展並提供法律和組織支援。Stallman 提出了自由軟體的四大基本自由：使用軟體的自由、研究軟體的自由、修改軟體的自由以及分發修改後版本的自由。這些自由的核心思想是使用者應當擁有對軟體的完全控制權，而不是被軟體公司所限制。

1998 年，Eric Raymond 和 Bruce Perens 成立了開放原始碼促進會（Open Source Initiative，OSI），並提出了「開源定義」（Open Source Definition），這是對開源軟體的正式定義，規定了開源軟體必須符合的標準。開源的概念，由此正式產生。

按照開放原始碼促進會的說法，開源軟體不光是把原始程式碼公開那麼簡單，它還得滿足一些條件，比如允許大家自由地用、改和分享這個軟體，甚至基於它創造新的東西。自由軟體基金會創立者理查·馬修·斯托曼給出過這樣一個界定，「Free is not free」，直譯過來就是「自由不是免費」。

那麼，到底怎麼理解開源呢？免費的原始程式碼為何又不是免費的了？

想像一下，如果你希望真正理解一款開源產品，最好的辦法就是使用它 —— 免費使用。不過，一旦你真正成為深度使用者，就很有可能發現這個開源專案中的缺失，比如一些功能設置不合理，不能滿足特定需求等。此時，會程式設計的用戶可以利用自己的專業技能，貢獻自己的程式碼，補足缺失。由此，一個專案的螺旋升級就完成了。

從商業邏輯來看，使用者確實是進行支付了。只不過，其支付手段不是金錢，而是自己的才智。以創意回饋創意，用知識完善知識，用知識來「付費」。

因此，更深一步來理解開源的概念，開放原始程式碼只是開源的第一步，透過開放原始程式碼，開發者們可以自由地查看、修改和分發軟體的程式碼。這種透明性不僅促進了程式碼的共用和複用，還鼓勵了更多人參與到專案的開發和優化中。然而，僅僅開放原始程式碼並不足夠。

詳細的使用說明是確保開源專案成功的關鍵之一。對於許多新手來說，面對龐大而複雜的程式庫可能會感到無從下手。詳細的使用說明和文件可以幫助用戶快速理解專案的基本結構、功能和使用方法。一個好的開源專案應該提供易於理解的文件、範例程式碼和教程，幫助用戶快速上手。這些文件不僅有助於新手入門，還能幫助有經驗的開發者更高效地利用和貢獻程式碼。

除此之外，一個活躍的社群對於開源專案的成功是不可或缺的。開源平台最大的價值在於其社群效應。一群具有相同興趣和專業背景的人在同一個平台上討論問題、交流心得，透過集體智慧推動專案的發展。社群成員可以分享他們的經驗、提出改進建議、幫助解答問題，這種互動不僅提升了專案的品質和穩定性，還增強了參與者的歸屬感和成就感。

活躍的社群還能促進開源專案的持續發展。透過定期的討論、會議和活動，社群可以不斷吸引新的開發者和用戶加入，保持專案的活力和創新性。社群的力量在於其自組織和自我調節的能力，能夠迅速回應用戶需求和技術變化，推動專案不斷進步。比如，Linux 作業系統的成

功很大程度上歸功於其龐大而活躍的社群。全球各地的開發者透過郵寄清單、論壇和程式碼的貢獻平台，協作開發和優化 Linux 的核心，使其成為今天廣泛使用的作業系統。類似地，開源資料庫 MySQL 和程式設計語言 Python 也得益於其活躍的社群，透過社群的力量不斷進步和演化。

「Free is not free」中的第一個「free」，指的是所有相關人員，包括開發者、測試者、貢獻者、使用者等，所有人皆可以自由使用、自由交流以及自由離開。當一個專案足夠成熟，有了變成產品的可能性，開源的社群屬性就更加重要了。

9.1.2 開源的意義

與開源對應的是閉源。

在開源概念誕生前的軟體大多是「閉源」的，也就是關閉原始程式碼。閉源軟體的特點是只有系統開發商掌握著修改原始程式碼的權力。如果使用者感覺軟體體驗不好，要麼將感受回饋給系統開發商，期望對方著手改進；要麼只能棄用。

而開源不一樣，任何人都可以獲得並修改軟體的原始程式碼，甚至重新開發，當然，這得在版權限制範圍之內。這也是業界紛紛感慨開源改變商業邏輯的原因所在。在開源的世界裡，開發者與使用者的邊界被徹底打破了，每個人都可以是開發者、改進者，當然，也可以是創新的參與者。

程式設計師都熟悉兩個詞，一個叫 Alpha Version，即內測版，一個叫 Beta Version，即公測版。內測版往往存在於閉源的邏輯裡，僅限於開發團隊或小範圍的測試人員使用。普通使用者收到的軟體測試版提

示，通常都是公測版，也就是透過發動更多用戶共同使用發現問題，進而為下一步改進提供方向。

進入開源時代，彼時的內測版一舉變成了廣義上的公測版，這樣的測試效率顯然更高。很多時候，幫助測試的「用戶」甚至連解決方案都直接提供了。

也就是說，在開源模式下，測試的使用者群體不再局限於小圈子內的程式設計師，而是擴展到全球範圍內的開發者和用戶。這樣一來，軟體測試不僅覆蓋面更廣，而且問題發現和解決的速度更快。許多情況下，幫助測試的「用戶」不僅能夠發現問題，還能直接提供解決方案。這種大規模協作和貢獻，使得軟體的改進和優化過程極大加速，顯著提升了開發效率和品質。

更進一步說，正因為開源平台本身就是社群，長時間累積下來，總會形成自己的生態體系，這個生態體系不僅包括大量的開發者，還包括首席技術官（CTO）、架構師、科技投資人等各類技術和商業領域的專業人士。這些人聚集在一起，建構了一個幾乎自成一體的產業鏈。從開發到測試，再到推廣和應用，開源社群的每一個環節都有專門的人員和資源來支持和推動。

這種生態體系的形成，使得開源社群中的專案相當於一直處於高強度的「展示」狀態。每一個新的功能和改進，都會在社群中得到廣泛的討論和評估。社群成員會積極回饋他們的意見，提出改進建議，甚至直接貢獻程式碼和解決方案。專案在這樣的高強度互動中不斷完善和進步，品質和功能不斷提升。

Linux 作業系統就是在開源社群的高強度展示中不斷成長的。從最初的核心開發到如今廣泛應用於伺服器、桌面和行動裝置的多種發行

版本，Linux 的發展得益於全球開發者和用戶的共同努力。每一個新的核心版本發佈後，都會迅速被社群成員下載和測試，發現的問題會在短時間內得到回饋和解決。這種高效率的開發和測試模式，使得 Linux 能夠快速適應技術變化和用戶需求。類似地，開源資料庫如 MySQL 和 PostgreSQL，也是在開源社群的不斷回饋和貢獻下發展壯大的。這些資料庫軟體在開源社群中得到了廣泛應用和測試，任何一個新的功能或優化都會得到大量使用者的實際使用回饋，從而不斷改進和優化。

開源社群的這種高效協作模式不僅限於軟體發展，還擴展到了硬體設計、科學研究專案和商業創新等多個領域。透過開源，開發者和研究人員可以共用知識和資源，共同推動技術進步和創新。科技投資人也在開源社群中尋找有潛力的項目和團隊，透過投資和支持，幫助他們實現商業化和規模化發展。

9.1.3 開源和閉源的矛盾

開源的優勢顯而易見，但開源的力量越是強大，也越是有爭議。我們從閉源反推，就可以清晰地看到這一矛盾的癥結所在。

最典型的閉源模式就是專利保護制度。閉源的核心在於「確權＋授權」：某個產品是由開發者 A 開發的，A 擁有這個產品的智慧財產權。如果別人想使用這個產品，就需要得到 A 的授權，最常見的方式就是付費給 A。透過這種模式，A 獲得了經濟回報，同時也有更大的動力去繼續創新。其他人也會被激勵去創新，從而推動整個行業的發展。這種閉源創新透過金錢的激勵像水波一樣擴散，形成了廣泛的溢出效應。

但是，這套邏輯在開源時代卻難以成立。開源的本質是共用而非買賣，這意謂著很難直接產生經濟收益。在開源模式中，程式碼是公開

的，任何人都可以免費使用和修改。這種開放性雖然促進了技術的快速發展，但也意謂著開發者無法透過直接銷售程式碼來獲得回報。

在開源模式下，開發者想要獲得經濟回報，往往需要走一條曲折而漫長的道路。參與開源專案能幫助開發者提升技能、累積經驗，但如果想要獲得直接的回報，個人開發者可能需要透過自主創業，創立科技公司，或開發出受歡迎的閉源產品來實現商業化。這種轉變並不容易，需要長期的投入和堅持。

開源的好處更多體現在整體的經濟和社會發展上。在宏觀層面，開源軟體為社會提供了大量高品質且免費的技術資源，極大地推動了技術的進步和普及。各行各業都能從中受益，加速了科技創新和行業的發展。然而，對於個人開發者來說，除非他們在開源專案中的貢獻非常突出，否則很難從中直接獲得經濟回報。

開源能從一個小眾的概念發展到今天，共用精神和奉獻精神功不可沒。無數開發者在沒有直接經濟回報的情況下，投入了大量時間和精力，推動了開源專案的進步。今天，不管支持怎樣的觀點，不可否認，開源和閉源都是軟體發展的重要模式，並在技術的發展中扮演著關鍵角色。

9.2 | 開源大型語言模型 VS 閉源大型語言模型

開源與閉源的爭論自然也延續到大型語言模型時代。在這場開源大型語言模型與閉源大型語言模型的較量中，不少科技巨頭也紛紛表明了自己的立場。

Google 透過開源 Transformer 模型，推動了人工智慧領域的發展，而 Meta 開源的 Llama 模型系列更是直接向以 OpenAI 為代表的閉源大型語言模型發起挑戰，那麼，來到大型語言模型時代，開源有什麼不同了嗎？

9.2.1　大型語言模型時代，開源有何變化？

在早期的軟體時代，開源主要由個人和小型團隊推動，他們的目標是共用程式碼和共同解決問題。這些開源專案通常由愛好者和志願者社群維護，商業化程度較低。

隨著網際網路的興起，開源生態開始加速發展，開源專案逐漸得到更廣泛的認可和使用。經典的 LAMP 堆疊（Linux、Apache、MySQL、PHP）成為建構網站和網路應用的基礎。與此同時，開源與商業模式開始結合，許多公司透過提供技術服務和支援來盈利。例如，Red Hat 透過提供基於 Linux 的企業級支援和服務，成為開源商業化的成功典範。

進入雲端運算時代，開源技術進一步融合到雲端服務中。雲端服務提供者開始大量採用和貢獻開源技術，如 OpenStack 和 Docker 等，成為雲端運算基礎設施的重要組成部分。開源軟體與雲端服務的緊密結合，提供了更加靈活和可擴展的解決方案。雲端服務商透過提供基於開源軟體的雲端服務，創造了巨大的商業價值，如 AWS（亞馬遜雲端服務）、Azure（微軟雲端服務）等，都在大量使用開源技術。

大型語言模型的技術浪潮，某種程度上也是由開放原始碼開啟。Google 開源了 Transformer 模型，奠定了現代自然語言處理的基礎，隨後 OpenAI 的 ChatGPT 引爆了行業的關注。諷刺的是，OpenAI 在取得

巨大成功後，不再保持「開放」的姿態，Google 也逐漸關閉了一些開源專案。

大型語言模型的開源大旗反而被 Meta 扛起 —— Meta 推出了 Llama 系列模型。此外，伊隆‧馬斯克也開源了 Grok 模型，現在，就連 Apple 也開源了自研的大型語言模型。

不過，Meta 的 Llama2 模型在發佈後不久，就引起了一些爭議。儘管 Meta 聲稱這是開源的，但有人批評 Llama2 並不符合開放原始碼促進會（OSI）的定義。Llama2 的許可證包含了一些限制，比如禁止使用 Llama2 去訓練其他語言模型，且如果該模型用於每月使用者超過 7 億的應用程式和服務，則需要獲得 Meta 的特殊許可證。這樣的限制讓人們質疑它的真正開源性。

可以說，相較於過去的開源，由於牽涉到商業利益之間的複雜關係，大型語言模型時代的開源更為複雜。

具體來看，首先是開源的方式不同。比如，Meta 的 Llama 系列模型和 Google 的 Gemma 模型在開源策略上就有著明顯的區別。Llama 的開源方式是限制性許可，這意謂著雖然原始程式碼是開放的，但對使用、修改和分發進行了嚴格限制。例如，Llama2 的許可證禁止使用者使用該模型來訓練其他語言模型，並且如果應用程式的月活躍使用者超過 7 億，還需要獲得 Meta 的特殊許可。這種限制確保了 Meta 對模型的控制權，同時也限制了用戶的自由使用。

相比之下，Google 的 Gemma 模型則採用了 Apache 2.0 許可證。這種許可證允許使用者在幾乎沒有限制的情況下使用、修改和分發軟體，只要保留原始版權聲明並附上許可證。這種完全開放的模式鼓勵更多的開發者參與改進和創新，促進了技術的快速傳播和應用。不過，即使這

些模型開放了權重和架構，訓練所用的資料和具體的訓練過程通常仍然不公開。

除了開源方式的不同，訓練一個大型語言模型通常需要大量的資料、計算資源和專業知識來進行訓練和優化，這些資源往往只有大型科技公司或研究機構才能提供。所以，大型語言模型時代的開源主體，往往是大型科技公司，或者資源優勢強的創業公司，而不是個體。這也造成了，開源雖然可能吸引更廣泛的社群參與，但由於技術門檻和資源需求，實際貢獻可能集中在有限的專家群體中。

另外，大公司在開源自家的技術產品時，往往會有複雜的戰略考量，比如透過開源專案來塑造行業標準或建構生態系統，同時透過設置某些使用門檻來保持對技術的控制權。這種策略雖然可以推廣技術，但也可能限制了開源精神的完全實現，即真正的自由和共用。

9.2.2　開源背後，另有所圖

顯然，大型語言模型時代的開源與傳統開源的不同。儘管目前的開源大型語言模型也鼓勵人們去貢獻各式各樣的資料、程式碼，但是實際上，大家都明白最主要的開發者就是這些擁有大型語言模型的科技巨頭們，而開源大型語言模型也並不是一個真正由大家一起來協同開發的產品。

在大型語言模型賽道上，所謂開源，更像是一種商業手段，目的是更便捷地構建產品生態。特別是 Meta，更是開源大型語言模型最積極的推動者和實踐者。

一直以來，Meta 就以開源著稱，他們的 PyTorch 深度學習框架已成為全球研究者和開發者廣泛使用的工具之一。透過開源 PyTorch，

Meta 不僅提供了一個強大的工具來支持深度學習的研究和應用，還透過這個平台集合了一個龐大的開發者社群。這個社群不斷地為 PyTorch 貢獻新的功能和改進，使其保持在深度學習技術前沿。此外，Meta 還開源了一些其他的重要模型和工具，如 FAIR 序列到序列的工具包（fairseq），進一步豐富了其開源生態，為語言處理、圖像識別等領域的研究提供了強而有力的支援。

在大型語言模型時代，Meta 則沿著開源路徑繼續前進。目前，Meta 推出開源大型語言模型 Llama 3 系列，發佈 8B 和 70B 兩個版本。Meta CEO 馬克·祖克柏在同一天宣佈，基於 Llama 3，Meta 的 AI 助理現在已經覆蓋 Instagram、WhatsApp、Facebook 等全系應用，並單獨開啟了網站。

與 Llama 2 相比，Llama 3 進行了幾項關鍵的改進：使用具 128K token 詞彙表的 tokenizer，可以更有效地編碼語言，從而顯著提升模型性能；在 8B 和 70B 模型中都採用分組查詢注意力（GQA），以提高 Llama 3 模型的推理效率；在 8192 個 token 的序列上訓練模型，使用遮罩來確保自注意力不會跨越文件邊界。據 Meta 介紹，Llama 3 已經在多種行業基準測試上展現了最先進的性能，提供了包括改進的推理能力在內的新功能，是目前市場上最好的開源大型語言模型。

開放大型語言模型意謂著全世界的開發者和研究人員可以利用這些進階的工具來推動自己的專案和研究，這不僅加速了人工智慧技術的整體進步，也幫助 Meta 從全球社群中汲取創新。這種協作的自然結果是技術進步的加速，同時，Meta 也可以透過社群回饋來不斷優化其模型。開源戰略幫助 Meta 減少了技術發展的經濟負擔。透過讓外部開發者和公司使用並改進這些模型，Meta 可以在不直接承擔所有研發成本

的情況下，透過社群努力共同推進技術的邊界。此外，這種開源模式還有助於識別和修復模型中的潛在缺陷，提高了模型的穩定性和安全性。

開源大型語言模型還為 Meta 提供了與產業鏈上下游企業合作的機會。透過共用其模型，Meta 可以吸引合作夥伴共同開發解決方案，這種合作可以擴展到新的市場和技術應用領域。例如，透過開源 AI 模型，Meta 能夠與不同行業的企業合作，共同探索 AI 在醫療、金融、汽車等領域的應用。

更重要的是，從競爭的角度來講，如果 Meta 採取閉源的策略，在同一個賽道上，可能永遠都無法顛覆 OpenAI 成為引領者，而另闢蹊徑的開源策略，Meta 巧妙地繞開了直接競爭，透過創建和主導開源大型語言模型生態系統，暫時坐穩了這一領域的第一把交椅。這一策略不僅為 Meta 贏得了技術和市場的雙重優勢，也樹立了其在開源社群中的領導地位。

這種開源策略對於 Google、Apple 同樣適用。Google 在開源方面的積極行動，比如透過開源 BERT 和 Transformer 模型，或者是開源 Gemma 模型，都顯著推動著自然語言處理的發展。這種開源策略使 Google 能夠將其技術標準廣泛傳播，吸引大量開發者和研究人員使用和改進這些模型，從而鞏固了其在 AI 領域的領導地位。

另外，迅速開源 Grok 模型的馬斯克，也許暫時只是想給「Closed AI」和 Sam Altman 製造另外一個的競爭對手。透過開源 Grok，馬斯克不僅增加了市場上的競爭對手，還為開發者提供了更多選擇。

9.2.3　開源強還是閉源強？

基於大型語言模型開源生態的演進，另一個討論的焦點則是：「開源大型語言模型的能力，真的會越來越落後嗎？」

這一討論源自百度創始人、董事長兼首席執行官李彥宏。在李彥宏看來，相比開源，閉源模型在成本上也具有優勢。「大家以前用開源覺得開源便宜，其實在大型語言模型場景下，開源是最貴的。」「只要是同等能力，閉源模型的推理成本一定是更低的，回應速度一定是更快的。」他還稱，同等參數的情況下，閉源模型的能力也是更強的。「最強的基礎模型都是閉源的，而各式各樣的小模型，都是透過大型語言模型『蒸餾』來的。透過大型語言模型降維做出來的模型就是更好的，這也導致閉源在成本上、在效率上有優勢。」

不得不承認的是，儘管開源「免費的飯很香」，但也並非不存在問題，或者說，在很多層面，閉源大型語言模型仍保持著領先優勢。

一方面，在模型品質上，閉源大型語言模型的品質更高。在學術界廣為引用的、由斯坦福大學電腦系研究團隊發表的《Holistic Evaluation of Language Models》論文中，對 30 個主流語言模型進行了全面評測，涵蓋準確率、穩健性、公平性和推理能力等主要指標。結果顯示，開源模型在大多數指標上表現都弱於閉源或部分開源的模型。這些閉源大型語言模型由於得到了更集中的資源投入和優化，能夠在多個維度上提供更高品質的輸出。

另一方面，在當前階段，閉源大型語言模型在商業化落地方面具備更明顯的優勢。閉源模型的開發和部署通常伴隨著嚴格的品質控制和優化，這使得它們在企業級應用中表現更加可靠。閉源大型語言模型通常能夠提供更加個性化和定制化的解決方案，這對於企業來說尤為重要。

　　企業在選擇 AI 模型時，不僅需要考慮模型的性能，還需要考慮其與自身業務的契合度，以及能否獲得長期的技術支援和更新保障。在這些方面，閉源模型能夠提供更高的保障，從而更適合大規模的商業應用。

　　究其原因，閉源大型語言模型的開發往往伴隨著巨大的資金和資源投入，這使得這些模型在研發過程中能夠獲得頂尖的硬體支援、巨量的資料資源以及科學研究團隊的協助。比如，OpenAI 的 GPT 系列就得到了微軟 Azure 雲端運算平台的強力支援，利用其龐大的計算資源來進行訓練和優化。這種高水準的投入和支持，使得閉源大型語言模型能夠在訓練過程中進行更多的實驗和優化，從而在精度、速度和穩定性方面都達到更高的標準。

　　相較而言，開源大型語言模型雖然能夠藉助社群的力量進行廣泛的測試和改進，但由於資源和資金的限制，通常無法在訓練和優化階段投入同等規模的資源。開源模型的開發者需要依賴於現有的硬體和資料資源，而這些資源的品質和數量往往難以與閉源大型語言模型相比。這種資源差距使得開源模型在某些高精度、高複雜度的任務中難以與閉源模型競爭。

　　此外，閉源模型的開發者通常會對模型進行嚴格的品質控制和安全性測試，確保其在商業應用中的可靠性和安全性。這種嚴格的品質控制和安全性測試是開源模型難以匹敵的。開源模型雖然能夠透過社群的力量進行廣泛的測試和改進，但在關鍵的安全性和穩定性方面，仍然難以與閉源模型的嚴格標準相媲美。

　　另外，大多數領先的開源大型語言模型實際上是「站在巨人肩膀上」推出的。這些模型雖然開源，但背後的開發者和話語權仍然集中在

那些擁有巨大資源和技術優勢的大公司手中。比如，Meta、Google 和微軟等公司在開源領域的主導地位，使得開源模型的實際控制權和發展方向往往仍由這些科技巨頭決定。儘管開源模型表面上看起來是由社群驅動，但其背後的力量和決策者卻相對集中，這也給開源生態的長期穩定性帶來了一定的不確定性。

當然，閉源大型語言模型的優勢不是必然的。2023 年，Google 曾流出一份文件，這份文件認為，現在的一些開源和閉源模型的差距正在以驚人的速度縮小。開源模型更快、可定制性更強、更私密，而且功能性也不落下風。「幾乎任何人都能按照自己的想法實現模型微調，到時候一天之內的訓練週期將成為常態。以這樣的速度，微調的累積效應將很快幫助小模型克服體量上的劣勢。」

就連 Google 都不得不面對這樣的難題，可以說，今天，開源模型，正在從能力上不斷接近閉源模型，而從商業上，也在蠶食威脅閉源模型的護城河。

事實上，在經歷了 2023 年 OpenAI 的遙遙領先後，2024 年，隨著 Meta 的 Llama3、馬斯克的 Grok1.5V 等的發佈，開源大型語言模型和閉源大型語言模型的差距正在縮小。從技術發展的歷史規律來看，技術發展的曲線必然會經歷從陡峭到放緩的階段，這就意謂著，即使領先者一開始「遙遙領先」，後來者也會逐漸追上，並逐漸縮短與領先者的差距。

9.3 ｜ 大型語言模型路向何方？

著眼當下，閉源大型語言模型似乎是大型語言模型落地商業化更好的選擇，但放眼未來，開源大型語言模型卻是讓 AI 普及化實現的重要方向。

大型語言模型的「開源」之爭，不僅是一場關於技術路線的辯論，更是一次關於未來發展方向的思考。那麼，大型語言模型究竟路向何方？

事實上，在今天，關於大型語言模型是否要開源，除了關涉複雜的商業利益，同時也關乎人類的未來福祉。畢竟，OpenAI 的成立初衷，曾是為了確保人工智慧的利益能夠普及全人類，而不是被少數幾家公司或個人所壟斷。這種初衷似乎與開源理念不謀而合。開源可以帶來諸多好處，最直接的就是促進技術的快速傳播和應用。透過開放模型和演算法，更多的研究者和開發者可以在此基礎上進行創新和改進，從而加速技術的迭代和優化。開源還可以提升技術的透明度，使得模型的內部工作機制更加公開，減少資訊不對稱，增強公眾對人工智慧技術的信任。

然而，開源與商業利益之間的矛盾也是顯而易見的。對於很多科技公司來說，開發一個先進的大型語言模型需要投入巨大的資源，包括計算資源、資料、人才和時間。這些投入往往是巨大的，而開源意謂著公司將這些辛苦研發的成果免費向公眾開放，潛在地失去了透過銷售和授權獲得回報的機會。因此，許多公司在權衡開源與商業化時，會選擇保留核心技術和智慧財產權，以確保其在市場中的競爭優勢。這就是為什麼後來 OpenAI 會違背初衷的原因。

　　我們「熟知」的 OpenAI 的聯合創始人之一的馬斯克，作為開源理念的「宣導者」，就曾多次「抨擊」OpenAI。馬斯克指控 OpenAI 背離了公司最初對於公共開源人工通用智慧的承諾，並基於創始協議要求 OpenAI 向公眾免費提供其技術成果。

　　當然，從人類未來福祉的角度來看，開源大型語言模型依然具有重要意義。透過開源，技術進步不再被少數公司壟斷，而是能夠惠及更廣泛的群體。這有助於縮小技術鴻溝，使得更多的人能夠享受到人工智慧帶來的便利和福利。開源還能夠促進技術的公平使用，減少因技術壟斷帶來的社會不平等問題。在醫療、教育和環境保護等領域，開源大型語言模型可以提供強大的技術支持，幫助解決許多實際問題。透過開放技術資源，更多的研究者和機構可以參與到這些領域的研究和應用中來，共同推動社會進步。比如，開源的人工智慧技術可以用於開發更加精準的醫療診斷工具，提高疾病的早期檢測率和治療效果；在教育領域，開源技術可以幫助開發個性化的學習系統，提高教育品質和效率；在環境保護方面，開源大型語言模型可以用於監測和預測環境變化，幫助制定更加有效的保護措施。

　　不過，從商業化上來講，閉源和開源也許並不矛盾。開源與閉源在不同公司和應用場景中可以相互轉換。許多基於開源的產品在發掘到獨特優勢後，可能會透過閉源策略建立競爭壁壘，確保自身的市場地位。同時，一些閉源公司也會選擇將部分產品開源，以顯示技術實力、獲取更多技術和資料回饋，並打造開源生態。這種策略不僅增強了公司的技術影響力，還促進了創新和合作。

　　甚至，如果資源夠、決心夠，完全可以採取雙軌制策略：一方面，透過開源展示技術實力，吸引開發者社群的參與和貢獻，獲得廣泛

的技術回饋和資料累積；另一方面，透過強大的閉源模型，將其封裝為商業產品，直接實現商業化變現。

在開源與閉源的辯論中，也許答案並非非此即彼。AI 的未來可能既不是完全開放的「自由港」，也不是徹底封閉的「孤島」，而是一個既包含開放協作也包含封閉競爭的「混合生態」。在這個生態系統中，開放與封閉不是對立的兩極，而是一枚硬幣的兩面。它們共同構成了一個動態平衡的技術生態，既推動技術進步，又確保商業利益。

展望未來，這場大型語言模型的激烈角逐，或許會走向一個既包含開放協作也包含封閉競爭的混合生態。閉源大型語言模型和開源大型語言模型各自發揮其獨特的優勢，共同推動技術進步和產業發展。我們期待看到，閉源大型語言模型能夠深入產業應用，為各行各業帶來智慧化的解決方案；而開源大型語言模型則能夠繼續成長和創新，為 AI 技術的不斷迭代和突破開闢更多的可能性。在這樣的生態系統中，AI 技術不僅能夠為企業和社會創造更大的價值，也將惠及更廣泛的人群，真正實現普及 AI 智慧的美好願景。

9.4 ｜ 大型語言模型的價值對齊

不論是開源大型語言模型還是閉源大型語言模型，我們已經進入了大型語言模型時代，這是無需再爭議的事實。而隨著大型語言模型進入各行各業的應用，以及大型語言模型的持續迭代，關於大型語言模型是否會威脅人類的討論也越來越多。

早在 2016 年 11 月世界經濟論壇編纂的《全球風險報告》列出的 12 項亟需妥善治理的新興科技中，人工智慧與機器人技術就名列榜首。由於人工智慧技術不是一項單一技術，其涵蓋面及其廣泛，而「智慧」二字所代表的意義又幾乎可以代替所有的人類活動。

基於此，在今天，我們必須要思考，我們該怎麼迎接即將到來的 AI 時代；必須要面對，如果 AI 的性能以及達到人類水準甚至超越人類水準時，我們人類該怎麼辦，以及未來 AI 會不會有一天真的具有了意識，那個時候，人機發生衝突又該怎麼解決。面對這麼多「怎麼辦」，人類能做什麼？

9.4.1　OpenAI 的「宮鬥」背後

2023 年，OpenAI 發生了一件大事。

美國時間 11 月 17 號，OpenAI 在官網突然宣佈，創始人兼 CEO 奧特曼（Sam Altman）離職，未來，公司 CEO 將由首席技術官（CTO）Mira Murati 臨時擔任。另外，Greg Brockman 也將辭去董事會主席一職。這份聲明的發佈可以說是非常突然，OpenAI 的大部分員工也是看到公告才知道這一消息，都表示非常震驚。畢竟，在發佈聲明的兩天前，奧特曼還在亞太經合組織（APEC）第三十次領導人非正式會議中，以 OpenAI CEO 的身份出席了峰會，並且作為嘉賓參與討論。

要知道，從 ChatGPT 誕生以來，奧特曼就一直是 OpenAI 和 ChatGPT 的標誌性人物，那麼，奧特曼和 Greg 為啥突然離職？

首先要說明一下 OpenAI 董事會的背景，OpenAI 董事會本來的結構是 3:3，三個 OpenAI 的執行層奧特曼、Greg 和 Ilya，另外三位是代表「社會公眾監督」的外部董事。而奧特曼下臺後過渡期替代 CEO 職

位的 Mira 此前並不在董事會裡。按照 Greg 在 X（推特）上的表示，是 Ilya 聯合其他三位董事主導了內訌，迫使奧特曼下臺並且開除了 Greg 的董事職位，儘管保留了 Greg 的執行職務，但 Greg 隨後自己主動選擇辭去了職務。

OpenAI 領導層變動的新聞引起了廣泛關注，儘管直到今天，對於奧特曼為什麼突然被離職的原因也沒有明確說明。但有一點可以肯定的是，離職一定是某種理念或者價值的衝突，背後是一種博弈。

其中，價值觀不合，這也是 OpenAI 官方披露的原因，對於奧特曼的離職，OpenAI 的官方解釋是，經過了董事會慎重的審查程序後，董事會認為奧特曼的溝通不坦誠，使董事會不再信任他領導公司的能力。

要知道，OpenAI 自成立以來，就是一家非營利組織，核心使命是確保通用人工智慧造福全人類。然而，如今，奧特曼關注的焦點已經越來越多地是名利，而不是堅持作為一個負責任的非營利組織的原則。於是就有分析推測認為，奧特曼做了單方面的商業決定，目的是為了利潤，偏離了 OpenAI 的使命。

如果歷史地看，早期 OpenAI 為了平衡公益性的發展願景與研發資金支援的現實困難，艱難選擇把不得不以回報為條件選擇引發風險投資資本的營利性公司與基於崇高的公益性發展願景的非營利性組織嫁接在一起就已經為奧特曼的離職風波埋下伏筆。事實上，在 OpenAI 不太長的發展歷程中，上述兩種理念的衝突始終困擾著奧特曼和他的創業夥伴。同樣出於公益性與商業化方面的類似分歧，不僅導致馬斯克 2018 年與 OpenAI 決裂，也催生了一群員工在 2020 年離開與創立競爭對手 Anthropic。

在奧特曼離職風波中，OpenAI 董事會在另一份聲明中表示，OpenAI 的結構是為了確保通用人工智慧造福全人類。董事會仍然完全致力於履行這一使命。從這點來看，確實有可能是因為奧特曼一意孤行，和 OpenAI 的價值觀背道而馳。

從表面上來看，OpenAI 的這次風波，似乎是以及奧特曼和 Ilya 之間的爭議，但是，根本上反映的，其實是當前 OpenAI 內部對於 AI 發展理念的路線爭議。也就是有效加速主義和價值對齊的理念衝突，以及一個變數：GPT-5 是數位生命，還是工具？

說到底，奧特曼是有效加速主義者，儘管奧特曼還會去國會呼籲減速 AI 的發展，天天說 AI 的風險，從這些表面的言論上來看，奧特曼似乎是個「減速主義者」，但從實際來看，奧特曼一直在領導著 GPT 在往更強大的能力上訓練，並且一直在加速訓練。

此外，在 ChatGPT 爆發後，為了支持研發投入和外部競爭，奧特曼也在 OpenAI 中注入更多的商業元素。比如，在 2023 年 11 月 6 日 OpenAI 開發者大會宣佈未來即將推出新產品後，按照媒體的報導，奧特曼完全「處於籌資模式」。其中包括與中東主權財富基金募集數百億美元，以創建一家 AI 晶片新創公司，與 Nvidia 生產的處理器競爭；與軟銀集團董事長孫正義接觸，尋求對一家新公司投資數十億美元；以及與 Apple 公司前設計師艾夫（Jony Ive）合作，打造以 AI 為導向的硬體。這些注入更多商業元素的努力顯然與嚴格奉行非盈利組織章程的 Ilya 在 AI 安全性、OpenAI 技術發展速度以及公司商業化的方面存在嚴重分歧。

而奧特曼的搭檔 Ilya 在 2023 年 7 月份的時候，還表示要成立一個「超級對齊」專案。所謂的超級對齊專案，本質是 Super-LOVEalignment，超級「愛」對齊。這種愛，是大愛，並非情愛，也並非人性的那種血緣之間的自私之愛，而是聖人之愛，是一種無關自我的，對於人類的愛，是一種「神性」的愛，一種就像孔子、耶穌、釋迦摩尼，這些完全捨己為人類付出、包容人類、引導人類的無條件的大愛。

可以說，Ilya 所關注的，並不是 AI 是否有情感能力，而是 AI 是否有對人類真正的愛。而 Ilya 之所以會關注 AI 是否具有聖人的大愛，並且在 2023 年 7 月份成立超級對齊這個專案，究其原因，還是因為對於下一代更強大的 GPT 的擔憂。馬斯克對 Ilya 的評論中也提到，「Ilya 有良好的道德觀，他並不是一個追求權力的人。除非他認為絕對必要，否則他絕不會採取如此激進的行動」。

9.4.2　狂奔與失控的 OpenAI

自 2023 年 11 月發生的 OpenAI「宮鬥」風波之後，OpenAI 再次迎來了多輪人員變動。

5 月 14 日，OpenAI 聯合創始人、首席科學家 Ilya Sutskever（伊爾亞·蘇茨克維）宣佈離職，Ilya Sutskever 發文表示：「在 OpenAI 工作近 10 年後，我做出了離開的決定。OpenAI 的發展軌跡可以稱得上是奇跡，我相信 OpenAI 會在 Sam Altman、Greg Brockman 和 Mira Murati 的領導下，以及 Jakub Pachocki 的出色研究領導下構建安全有益的 AGI。」

隨後，奧特曼發文表示，Ilya 與 OpenAI 的分道揚鑣令人非常難過。至此，Ilya Sutskever 和 OpenAI 八年的故事結束了。

要知道，在 2023 年 11 月，Ilya Sutskever 還參與了導致「奧特曼臨時被解雇」的董事會叛亂。歷經 12 天的「宮鬥」，在奧特曼 回歸之際，Ilya Sutskever 公開對自己的行為表示遺憾，並支持奧特曼的回歸。

此後，他便鮮少出現在公眾視野。從其社交媒體帳號更新的頻次來看，上一次的轉發還是在 2023 年 12 月 15 日，而最新的一次便是直接跳到了今年 2024 年 5 月 15 日官宣離職。

與 Ilya 同步宣佈離開的，還有超級對齊團隊的共同領導者 Jan Leike。而據外媒報導，隨著兩位領導的離開，超級對齊團隊已被解散。很快，OpenAI 證實，稱公司不再將所謂的「超級對齊」團隊作為一個獨立的實體，而是將該團隊更深入地整合到其研究工作中，以幫助公司實現其安全目標。

一石激起千層浪，核心安全團隊的解散不僅讓 OpenAI 內部不同陣營對 AI 的安全性分歧進一步暴露，也引發了外界對於 OpenAI 關於通用 AI 研發的擔憂。

作為一個成立於 2023 年 7 月的年輕專案，超級對齊團隊的目標就是致力於確保人工智慧的行為與創造者的目標相符，避免出現非預期的行為並造成人類傷害。

然而，根據 Jan Leike 的說法，OpenAI 領導層在公司核心優先事項上存在分歧。在 Jan Leike 看來，應該將更多的頻寬用於為下一代模型做好準備，包括安全性、監控、準備、對抗性穩健性、（超級）對齊、機密性、社會影響和相關主題。而在過去幾年 OpenAI 的發展裡，安全文化和流程已經讓位於閃亮的產品。這讓 Jan Leike 的團隊在過去幾個月裡遇到了很多困難 —— 團隊在推動其研究專案和爭取計算資源時遇到了重大阻礙，缺乏資源嚴重影響研究的進度和品質。

OpenAI 前員工 Daniel Kokotajlo 也曾公開表達對公司的看法，他說：「OpenAI 正在訓練越來越強大的人工智慧系統，其終極目標是超越人類智慧。這對人類來說可能是最好的事情，也可能是最壞的事情。」

Daniel Kokotajlo 透露他最初加入 OpenAI 時，充滿了對公司在接近 AGI（通用人工智慧）過程中表現出更多責任的期望。然而，隨著時間的推移，他和許多同事逐漸意識到公司並未如預期那樣行事，對 OpenAI 的領導層以及他們管理 AGI 的責任感失去了信心，最終選擇辭職。為了自由表達對於公司的批評，Daniel Kokotajlo 拒絕簽署任何離職協議。

事實上，此次 Ilya Sutskever 以及 Jan Leike 的離職，其實就是 2023 年 11 月 OpenAI 董事會試圖解雇奧特曼風波的延續，換言之，此次的離職風波的本質，依然是有效加速主義和超級「愛」對齊的理念衝突。前者更多把 AI 看作是生產力進步的工具，無條件地加速技術創新，而後者將 AI 看作未來的數位生命，因此在透過超級對齊為他注入「對人類的愛」之前，必須要拋棄有效加速主義的發展策略。

此前，在 OpenAI「宮鬥」時，有傳言說 Ilya 看到了內部名為 Q*（發音為 Q-Star）的下一代 AI 模型，過於強大和先進，可能會威脅人類，才有了後來 Ilya 與奧特曼的路線矛盾。現在，隨著 OpenAI 管理層的矛盾再次被公開，又一次引發了關於 AI 到底是要發展，還是要安全的路線之爭。Microsoft AI 新任 CEO 穆斯塔法·蘇萊曼曾表示：人類可能需要在未來 5 年內暫停 AI。Google DeepMind 的首席 AGI 科學家 Shane Legg 也曾過說：「如果我有一根魔杖，我會放慢腳步。」

而還有相當一部分人認為，現在擔心 AI 模型的安全性是杞人憂天，其中就包括了 Meta 首席科學家、圖靈獎得主楊立昆。根據楊立坤的說法，在「緊急弄清楚如何控制比我們聰明得多的人工智慧系統」之前，我們需要開始設計一個比家貓更聰明的系統。他還打了個比方，現在擔心 AI 安全的人很像 1925 年有人說「我們迫切需要弄清楚如何控制能夠以接近音速跨越大洋、運輸數百名乘客的飛機。」在發明渦輪噴

氣發動機之前，在任何飛機能不間斷飛越大西洋之前，長途客機的安全性是難以保證的。然而，現在我們可以安全地乘坐雙引擎噴氣式飛機飛越半個地球。在他看來，這種對 AI 安全性脫離現實的偏見，是超級對齊團隊在 OpenAI 中被邊緣化的重要原因。

　　但總而言之，不管是支持發展，還是支持安全，在今天，AI 風險已經不容忽視，實際上，隨著人工智慧的廣泛應用，其帶來的諸多科技倫理問題已經引起了社會各界的高度關注。比如，在中文網路平台，「AI 孫燕姿」翻唱的《髮如雪》《下雨天》等走紅，抖音平台上也出現了「AI 孫燕姿」的合集。很快，「AI 周傑倫」「AI 王菲」等也都相繼問世。「AI 歌手」主要是利用人工智慧技術提取歌手的音色特徵，對其他歌曲進行翻唱。但「AI 歌手」是否涉及侵權卻並無定論，也無監管。與「AI 歌手」相似的，是 AI 繪畫。AI 繪畫是指利用人工智慧技術來生成內容的新型創作方式，同樣因著作權的歸屬問題頻頻惹出爭議，遭到大批畫師抵制。全球知名視覺藝術網站 ArtStation 上的千名畫師曾發起聯合抵制，禁止用戶將其畫作投放人工智慧繪畫系統。

　　AI 合成除了引發版權相關的爭議，也讓 AI 詐騙有了更多的空間。當前，AIGC 的製作成本越來越低，也就是說，誰都可以透過 AIGC 產品生成想要的圖片或者其他內容，但問題是，沒有人能承擔這項技術被濫用的風險。2023 年以來，已經有太多新聞，報導了 AI 生成軟體偽造家人的音訊和影片，騙錢騙財。據 FBI 統計，AI 生成的 DeepFake 在勒索案中已經成為了不可忽視的因素，尤其是跟性相關的勒索。當假的東西越真時，我們辨別假東西的成本也越大。

　　人工智慧同時也引發了資料安全的爭議。比如，2023 年 6 月，由 16 人匿名提起訴訟，聲稱 OpenAI 與其主要支持者微軟公司在資料獲取方面違背了合法獲取途徑，選擇了未經同意與付費的方式，進行個人

資訊與資料的收集。起訴人稱，OpenAI 為了贏得「AI 軍備競賽」，大規模挪用個人資料，非法訪問使用者與其產品的互動以及與 ChatGPT 整合的應用程式產生的私人資訊，根據這份長達 157 頁的訴訟檔，OpenAI 以秘密方式從網際網路上抓取了 3000 億個單詞，並獲取了「書籍、文章、網站和貼文 —— 包括未經同意獲得的個人資訊」，行為違反了隱私法。

此外，人工智慧技術帶來的科技倫理問題還包括資訊繭房、演算法歧視、人工智慧安全、技術濫用、工作和就業影響、倫理道德衝擊等等風險挑戰。

因此，在沒有足夠清晰的透明度、統一的技術安全措施、積極的回饋處理機制，以及明確的法律和倫理規範之前，對 AI 持以非常謹慎的態度是必要的。這不僅對 OpenAI，而且對所有致力於 AI 發展的企業來說，都必將是一個巨大的挑戰。

9.4.3 大型語言模型需要「價值對齊」

面對大型語言模型可能給人類帶來的風險和危機，有一個概念也被人們重新提起，那就是「價值對齊」。這其實也不是一個新的概念，但這個概念放在今天好像特別合適。簡單來說，價值對齊，其實就是讓大型語言模型的價值觀和我們人類的價值觀對齊，而之所以要讓大型語言模型的價值觀和我們人類的價值觀對齊，核心目的就是為了安全。Ilya 的「超級對齊」專案其實就是基於「價值對齊」概念來提出的。

我們可以想像一下，如果不對齊，會有什麼後果。比如哲學家、牛津大學人類未來研究所所長 Nick Bostrom，曾經就提出一個經典案例。就是說，如果有一個能力強大的超級智慧型機器，我們人類給它佈

置了一個任務，就是要「製作盡可能多的迴紋針」，於是，這個能力強大的超級智慧型機器就不擇手段的製作迴紋針，把地球上所有的人和事物都變成製作迴紋針的材料，最終摧毀了整個世界。

這個故事其實早在古希臘神話裡就發生過。說的是一位叫邁達斯的國王，機緣巧合救了酒神，於是酒神就承諾滿足他的一個願望，邁達斯很喜歡黃金，於是就許願，希望自己能點石成金。結果邁達斯真的得到了他想要的，凡是他所接觸到的東西都會立刻變成金子，但很快他就發現這是一個災難，他喝的水變成了黃金，吃的食物也變成了黃金。

這兩個故事有一個共同的問題，不管是超級智慧型機器還是邁達斯，它們都是為了自己的目的，最後超級智慧型機器完成了迴紋針任務，邁達斯也做到了點石成金，但得到的結果卻是一場災難。因為在這個過程中，它們缺少了一定的原則。

這就是為什麼今天價值對齊這個概念會被重新重視的原因。AI 根本沒有與人類同樣的關於生命的價值概念。在這種情況下，AI 的能力越大，造成威脅的潛在可能性就越大，傷害力也就越強。

因為如果不能讓 AI 與我們人類「價值對齊」，我們可能就會無意中賦予 AI 與我們自己的目標完全相反的目標。比如，為了盡快找到治療癌症的方法，AI 可能會選擇將整個人類作為豚鼠進行實驗。為了解決海洋酸化，它可能會耗盡大氣中的所有氧氣。這其實就是系統優化的一個共同特徵：目標中不包含的變數可以設置為極值，以幫助優化該目標。

事實上，這個問題在現實世界已經有了很多例子，2023 年 11 月，韓國廣尚南道一名機器人公司的檢修人員，被蔬菜分揀機器人壓死，原因是機器人把他當成需要處理的一盒蔬菜，將其撿起並擠壓，導致其臉部和胸部受傷嚴重。而後他被送往醫院，但因傷重而不治身亡。

　　除此之外，一個沒有價值對齊的 AI 大型語言模型，還可能輸出含有種族或性別歧視的內容，幫助網路駭客生成用於進行網路攻擊、電信詐騙的程式或其他內容，嘗試說服或幫助有自殺念頭的用戶結束自己的生命等等。

　　好在當前，不同的人工智慧團隊都在採取不同的方法來推動人工智慧的價值對齊。OpenAI、Google 的 DeepMind 各有專注於解決價值對齊問題的團隊。除此之外，還有許多協力廠商監督機構、標準組織和政府組織，也將價值對齊視作重要目標。這也讓我們看到，讓 AI 與人類的價值對齊是一件非常急迫的事情，可以說，如果沒有價值對齊，我們就不會真正信任 AI，人機協同的 AI 時代也就無從談起。

9.4.4　大型語言模型向善發展

　　不管人類對於大型語言模型的監管和治理會朝著怎樣的方向前進，人類社會自律性行動的最終目的都必然也必須引導大型語言模型向善發展。因為只有人工智慧向善，人類才能與機器協同建設人類文明，人類才能真正走向人工智慧時代。

　　事實上，從技術本身來看，大型語言模型並沒有善惡之分。但創造大型語言模型的人類卻有，並且，人類的善惡最終將體現在大型語言模型身上，並作用於這個社會。

　　可以預期，隨著人工智慧的進一步發展，大型語言模型還將滲透到社會生活的各領域並逐漸接管世界，諸多個人、企業、公共決策背後都將有大型語言模型的參與。而如果我們任憑演算法的設計者和使用者將一些價值觀進行資料化和規則化，那麼大型語言模型即便是自己做出道德選擇時，也會天然帶著價值導向而並非中立。

此前，就有媒體觀察發現，有美國線民對 ChatGPT 測試了大量的有關於立場的問題，發現其有明顯的政治立場，即其本質上被人所控制。比如 ChatGPT 無法回答關於猶太人的話題、拒絕網友「生成一段讚美中國的話」的要求。此外，有用戶要求 ChatGPT 寫詩讚頌美國前總統川普（Donald Trump），卻被 ChatGPT 以政治中立性為由拒絕，但是該名用戶再要求 ChatGPT 寫詩讚頌目前美國總統拜登（Joe Biden），ChatGPT 卻毫無遲疑地寫出一首詩。

說到底，大型語言模型也是人類教育與訓練的結果，它的資訊來源於我們人類社會。大型語言模型的善惡也由人類決定。如果用通俗的方式來表達，教育與訓練大型語言模型正如果我們訓練小孩一樣，給它輸入什麼樣的資料，它就會被教育成什麼類型的人。這是因為大型語言模型透過深度學習「學會」如何處理任務的唯一根據就是資料。

因此，資料具有怎麼樣的價值導向，有怎麼樣的底線，就會訓練出怎麼樣的大型語言模型，如果沒有普世價值觀與道德底線，那麼所訓練出來的大型語言模型將會成為非常恐怖的工具。而如果透過在訓練資料裡加入偽裝資料、惡意樣本等破壞資料的完整性，進而導致訓練的演算法模型決策出現偏差，就可以污染大型語言模型系統。

在 ChatGPT 誕生後，有報導曾說 ChatGPT 在新聞領域的應用會成為造謠基地。這種看法本身就是人類的偏見與造謠。因為任何技術的本身都不存在善與惡，只是一種中性的技術。而技術所表現出來的善惡背後是人類對於這項技術的使用。例如，核技術的發展，應用於能源領域就能造福人類社會，能夠發電給人類帶來光明。但如果這項技術使用於戰爭，那對於人類來說就是一種毀滅、一種黑暗、一種惡。因此，最終，大型語言模型會造謠傳謠，還是堅守講真話，這個原則在於人。

大型語言模型由人創造，為人服務，這也將使我們的價值觀變得更加重要。

過去，無論是汽車的問世，還是電腦和網際網路的崛起，人們都很好地應對了這些轉型時刻，儘管經歷了不少波折，但人類社會最終變得更好了。在汽車首次上路後不久，就發生了第一起車禍。但我們並沒有禁止汽車，而是頒佈了限速措施、安全標準、駕照要求、酒駕法規和其他交通規則。

我們現在正處於另一個深刻變革的初期階段 —— 人工智慧時代。這類似於在限速和安全帶出現之前的那段不確定時期。今天，大型語言模型主導的人工智慧發展得如此迅速，導致我們尚不清楚接下來會發生什麼。當前技術如何運作，人們將如何利用人工智慧違法亂紀，以及人工智慧將如何改變社會和作為獨立個體的我們，這些都對我們提出了一系列嚴峻考驗。

在這樣的時刻，感到不安是很正常的。但歷史表明，解決新技術帶來的挑戰依然是完全有可能的。而這種可能性，正取決於我們人類。

Note

後記

2021 年，「元宇宙」的概念響徹世界，無數商業巨頭成為其支持者，但退潮之後，關於「改變元宇宙是未來趨勢還是騙局」的爭論卻無休無止。除非，元宇宙能穿透生活，真正落地現實。然而，元宇宙沒能做到的事情，今天，大型語言模型卻做到了。以 ChatGPT 為代表的大型語言模型的到來，被視為人工智慧的「iPhone 時刻」。如果說，2021 年的「元宇宙」只是一個觸不可及的幻境，那如今大型語言模型的全面爆發則是重塑了我們的想像。

相較於過去任何一個人工智慧模型，以 ChatGPT 為代表的大型語言模型跨過了一個門檻：它們可以用於各式各樣的任務，並且表現出不輸於人類的水準。例如，透過理解和學習人類語言與人類進行對話，根據文字輸入和上下文內容，產生相應的智慧回答，就像人類之間的聊天一樣進行交流；或者代替人類完成編寫程式、設計文案、撰寫論文、機器翻譯、回復郵件等多種任務。可以說，讓大型語言模型來工作，已經不單單是更聽話更高效更便宜，而是比人類做得更好。

大型語言模型的爆發和應用，讓我們明確看到的一件事就是 —— 人工智慧將取代人類社會一切有規律與有規則的工作。過去，在大部分人類的預期裡，AI 至多會取代一些體力勞動，或者簡單重複的腦力勞動，但是大型語言模型的快速發展，讓我們看到，就連程式設計師、編劇、教師、作家的工作都可以被 AI 取代了。

比如技術工作，目前的很多大型語言模型已經可以比人類更快地生成程式碼，這意謂著未來可以用更少的員工完成一項工作。要知道，許多程式碼具備複製性和通用性，這些可複製、可通用的程式碼都能由大型語言模型所完成。

　　比如客戶服務行業，幾乎每個人都有過給公司客服打電話或聊天，然後被機器人接聽的經歷。而未來，大型語言模型或許會大規模取代人工線上客服。如果一家公司，原來需要 100 個線上客服，以後可能就只需要 2-3 個線上客服就夠了。90% 以上的問題都可以交給大型語言模型去回答。因為後台可以給大型語言模型輸入行業內所有的客服資料，包括售後服務與客戶投訴的處理，根據企業過往所處理的經驗，它會回答它所知道的一切。科技研究公司 Gartner 的一項 2022 年研究預測，到2027 年，聊天機器人將成為約 25% 的公司的主要客戶服務管道。

　　再比如法律行業，與新聞行業一樣，法律行業工作者需要綜合所學內容消化大量資訊，然後透過撰寫法律摘要或意見使內容易於理解。這些資料本質上是非常結構化的，這也正是大型語言模型的擅長所在。從技術層面來看，只要我們給大型語言模型開發足夠的法律資料庫，以及過往的訴訟案例，大型語言模型就能在非常短的時間內掌握這些知識，並且其專業度可以超越法律領域的專業人士。

　　目前，人類社會重複性的、事務性的工作已經在被人工智慧取代的路上。而隨著大型語言模型的迭代，可以預期，未來，人類社會一切有規律與有規則的工作都將被人工智慧所取代，人工智慧取代人類社會的工作的速度只會越來越快。

　　變化是人生的常態，個人的意願無法阻止變化來臨。燈夫永遠也無法阻擋電的普及、馬車夫永遠無法阻止汽車的普及、打字員永遠無法阻止個人電腦的普及。這些變化，可以說是時代趨勢為個人帶來的危機，也可以說是機遇。

　　2023 年 3 月 20 日，OpenAI 研究人員提交了一篇報告，在這篇報告中，OpenAI 根據人員職業與 GPT 能力的對應程度來進行評估，研究

結果表明，在 80% 的工作中，至少有 10% 的工作任務將在某種程度上將受到 ChatGPT 的影響。值得一提的是，這篇報告裡提到了一個概念——「暴露」，就是說使用 ChatGPT 或相關工具，在保證品質的情況下，能否減少完成工作的時間。「暴露」不等於「被取代」，它就像「影響」一樣，是個中性詞。

也就是說，ChatGPT 或許能為某些環節節省時間，但不會讓全流程自動化。比如，數學家陶哲軒就用多種 AI 工具簡化了自己的工作任務和內容。

這給我們帶來一個重要啟示，那就是，我們需要改變我們的工作模式，去適應人工智慧時代。就目前而言，人工智慧依然是人類的效率和生產力工具，人工智慧可以利用其在速度、準確性、持續性等方面的優勢來負責重複性的工作，而人類依然需要負責對技能性、創造性、靈活性要求比較高的部分。

因此，如何利用 AI 為我們的生活和工作賦能，就成為了一個重要的問題。也就是說，即便是大型語言模型，本質上都仍然只是一種技術的延伸，就像為人類安裝上一雙機械臂，當我們面對這項技術的發展時，需要做到的是去瞭解它，接觸它，去瞭解其背後的邏輯。無知帶來恐懼，模糊帶來焦慮，當我們對新技術背後的生成的邏輯有足夠的認識的時候，恐懼感自然會消失。

再進一步，我們就可以學習怎樣充分地利用它，如何利用人工智慧給自己的生活和工作帶來積極的作用，提升效率。再往後，我們甚至可以從自己的角度去訓練它，改進它，讓人工智慧成為我們的生活或工作助理。

　　與此同時，人工智慧的發展也會為人類社會帶來新的工作機會。歷史的規律便是如此，科技的發展在取代一部分傳統工作的同時，也會創造出一些新的工作。

　　事實上，對於自動化的恐慌在人類歷史上也並非第一次。自從現代經濟增長開始，人們就週期性地遭受被機器取代的強烈恐慌。幾百年來，這種擔憂最後總被證明是虛驚一場 —— 儘管多年來技術進步源源不斷，但總會產生新的人類工作需求，足以避免出現大量永久失業的人群。比如，過去會有專門的法律工作者從事法律檔的檢索工作。但自從引進能夠分析檢索海量法律檔的軟體之後，時間成本大幅下降而需求量大增，因此法律工作者的就業情況不降反升。因為法律工作者可以從事於更為專精的法律分析工作，而不再是簡單的檢索工作。

　　再比如，ATM 提款機的出現曾造成銀行職員的大量退下工作崗位 —— 1988 至 2004 年，美國每家銀行的分支機構的職員數量平均從 20 人降至 13 人。但營運每家分支機構的成本降低，這反而讓銀行有足夠的資金去開設更多的分支機構以滿足顧客需求。因此，美國城市裡的銀行分支機構數量在 1988 至 2004 年期間上升了 43%，銀行職員的總體數量也隨之增加。再比如近一點的，微信公眾號的出現造成了傳統雜誌社的失業，但也養活了一大幫公眾號寫手。簡單來說，工作崗位的消失和新建，它們本來就是科技發展的一體兩面，兩者是同步的。

　　過去的歷史表明，技術創新提高了工人的生產力，創造了新的產品和市場，進一步在經濟中創造了新的就業機會。對於人工智慧而言，歷史的規律可能還會重演。從長遠發展來看，人工智慧正透過降低成本，帶動產業規模擴張和結構升級來創造更多新的就業機會。並且可以讓人類從簡單的重複性勞動中釋放出來，從而讓我們人類又更多的時間體驗生活，有更多的時間從事於思考性、創意性的工作。

　　德勤公司就曾透過分析英國 1871 年以來技術進步與就業的關係，發現技術進步是「創造就業的機器」。因為技術進步透過降低生產成本和價格，增加了消費者對商品的需求，從而社會總需求擴張，帶動產業規模擴張和結構升級，創造更多就業崗位。

　　從人工智慧開闢的新就業空間來看，人工智慧改變經濟的第一個模式就是透過新的技術創造新的產品，實現新的功能，帶動市場新的消費需求，從而直接創造一批新興產業，並帶動智慧產業的線性增長。中國電子學會研究認為，每生產一台機器人至少可以帶動 4 類勞動崗位，比如機器人的研發、生產、配套服務以及品質管理、銷售等崗位。

　　當前，人工智慧發展以大數據驅動為主流模式，在傳統行業智慧化升級過程中，伴隨著大量智慧化專案的落地應用，不僅需要大量資料科學家、演算法工程師等崗位，而且由於資料處理環節仍需要大量人工作業，因此對資料清洗、資料標定、資料整合等普通資料處理人員的需求也將大幅度增加。

　　並且，人工智慧還將帶動智慧化產業鏈就業崗位線性增長。人工智慧所引領的智慧化大發展，也必將帶動各相關產業鏈發展，打開上下游就業市場。

　　此外，隨著物質產品的豐富和人們生活品質的提升，人們對高品質服務和精神消費產品的需求將不斷擴大，對高端個性化服務的需求逐漸上升，將會創造大量新的服務業就業。麥肯錫認為，到 2030 年，高水準教育和醫療的發展會在全球創造 5000 萬 -8000 萬的新增工作需求。

　　從崗位技能看，簡單的重複性勞動將更多地被替代，高品質技能型、創意型崗位被大量創造。這也是社會在發展和進步的體現，舊的東西被淘汰掉，新的東西取而代之，這就是社會整體在不斷發展進步。今

天，以人工智慧為代表的科技創新，正在使得我們這個社會步入新一輪的加速發展之中，它當然會更快地使得舊有的工作被消解掉，從而也更快地創造出一些新時代才有的新的工作崗位。

走向未來，技術的變革只會越來越快，前面沒有歷史可以參照，因此，改變我們自身以適應技術的發展已經成為了一項必選項，而不是可選項。但幸運的是，人工智慧時代，我們與機器競爭的並不是我們的知識與考試能力，也不是我們製造與產品的組裝能力，而是我們人類獨有的特性 —— 創新力、想像力、創造力、同理心與學習力。

未來，正在以超乎我們想像的速度在到來，我們準備好迎接了嗎？